中电建水环境 "百问" 系列丛书

海水淡化知识

百问

中电建生态环境集团有限公司 编

U0238343

中国水利水电出版社
www.waterpub.com.cn
·北京·

内 容 提 要

本书以专业的视角、问答的形式、通俗易懂的语言全面介绍了水环境治理重点领域——海水淡化的基本知识，主要内容包括海水淡化基础知识、我国海水淡化行业的主要政策法规、热法海水淡化工艺技术知识、膜法海水淡化工艺技术知识等 103 个相关问答。

本书可供水环境、污水处理、环境保护以及非环境专业的水环境治理从业者和普通民众阅读。

图书在版编目（CIP）数据

海水淡化知识百问 / 中电建生态环境集团有限公司
编 . --北京：中国水利水电出版社，2019.11
　（中电建水环境"百问"系列丛书）
　ISBN 978-7-5170-7380-2

　Ⅰ . ①海⋯　Ⅱ . ①中⋯　Ⅲ . ①海水淡化—问题解答
Ⅳ . ①P747-44

中国版本图书馆 CIP 数据核字（2019）第 016445 号

书　　　名	中电建水环境"百问"系列丛书 海水淡化知识百问 HAISHUI DANHUA ZHISHI BAIWEN
作　　　者	中电建生态环境集团有限公司　编
出 版 发 行	中国水利水电出版社 （北京市海淀区玉渊潭南路 1 号 D 座　100038） 网址：www.waterpub.com.cn E-mail：sales@waterpub.com.cn 电话：（010）68367658（营销中心）
经　　　售	北京科水图书销售中心（零售） 电话：（010）88383994、63202643、68545874 全国各地新华书店和相关出版物销售网点
排　　　版	北京图语包装设计有限公司
印　　　刷	天津嘉恒印务有限公司
规　　　格	170mm×240mm　16 开本　5.25 印张　94 千字
版　　　次	2019 年 11 月第 1 版　2019 年 11 月第 1 次印刷
印　　　数	0001—2000 册
定　　　价	**32.00 元**

《中电建水环境"百问"系列丛书》
编委会

《海水淡化知识百问》
编写人员

主　　编：禹芝文

副 主 编：黄东兴　陈湘斌　梁岗伟

编写人员：姬亚朋　李旭辉　兰远明

　　　　　郭　振　王　贺　姜嘉艺

　　　　　石成名　谭明书

序

随着我国经济社会的快速发展，城市规模的加速扩张，大气、水和土地污染情况加剧，社会各阶层环保意识逐渐觉醒，发展和环保的矛盾日益突出。十八大以来，国家作出"大力推进生态文明建设"的战略决策。"大气十条""水十条""土十条"的相继颁布，标志着环保三大战役全面彻底打响。

生态文明建设，既需要专业的环保人才队伍，更需要全民的广泛参与，但目前我国在这两方面还存在差距。水环境治理与保护作为生态文明建设的重要内容同样如此。为此，中国电力建设集团有限公司作为一家有社会责任和担当的企业，充分发挥集团"懂水熟电"的优势，组织优秀力量，编写了《中电建水环境"百问"系列丛书》，致力于为推动我国水环境治理行业人才队伍的建设和公众环保意识的提高作一份贡献。丛书共 8 册，以专业的视角、问答的形式、通俗易懂的语言全面介绍并解读了水环境治理重点领域的基本知识，包括《海水淡化知识百问》《供水知识百问》《土壤治理知识百问》《污水处理知识百问》《水环境治理知识百问》《底泥处理处置知识百问》《垃圾处理知识百问》《水环境生态修复知识百问》，各成系列，相得益彰，适合对水环境治理感兴趣的从业者和普通民众阅读。

我们愿和各位环保同仁一道为祖国的绿水青山和"美丽中国"建设而努力！

中国电力建设集团有限公司副总经理
中电建水环境治理技术有限公司董事长
2017 年 8 月

前　　言

近年来，随着国内经济的快速发展，人口增长过快、水污染严重，淡水供需矛盾日益深化。在国家政策的引导和扶持下，海水淡化行业迅速发展，各种规模的海水淡化厂如雨后春笋般涌现。本书以问答的形式介绍了海水淡化方面的知识，目的是为从事海水淡化领域工作的人才培训提供通用教材，使水务人员能迅速了解和掌握海水淡化方面的知识。通过采用"问答"这种新颖的形式编写此书，将大量常用的海水淡化知识聚集在一起，不仅能缩短学习水务知识的时间，而且能够提高水务工作人员的学习兴趣，丰富水务工作人员的水务知识，促进水务行业快速发展具有重要的意义。

本书共有103问，涵盖了以下内容：

第1章　海水淡化的基础知识，介绍了海水的组成成分，海水淡化的发展历史和主要方法，以及海水预处理的相关知识。

第2章　我国海水淡化行业的主要政策法规，简单对我国现行的与海水淡化有关的政策法规进行了介绍。

第3章　热法海水淡化工艺技术知识，主要对海水淡化行业中所用到的多级闪蒸技术、多效蒸馏技术以及压汽蒸馏技术的基本原理、工艺流程、特点及适用范围进行了重点介绍。

第 4 章　膜法海水淡化工艺技术知识，系统介绍了反渗透技术、电渗析技术的基本原理、工艺流程、特点，以及反渗透系统的基本组成和运行情况。

在编写过程中，编者参考了相关著作、论文等，在这里特对参考资料的原作者表示感谢，若有疑问请随时联系我们。

由于编者水平有限，错漏之处，敬请专家和同行予以批评指正。

编者

2018 年 5 月

目　　录

第1章　海水淡化的基础知识

1.1　海水的成分有哪些？

海水是一种非常复杂的含有多种元素的水溶液，其中的各种元素都以一定的物理化学形态存在。在海水中，铜的存在形式较为复杂，大部分是以有机络合物的形式存在，仅有一小部分以二价正离子形式存在。海水中有含量极为丰富的钠，但其化学行为非常简单，多以 Na^+ 离子形式存在。

海水中的成分可以划分为五类：

（1）主要成分，指海水中浓度大于 1mg/kg 的成分。属于此类的有阳离子 Na^+、K^+、Ca^{2+}、Mg^{2+} 和 Sr^{2+} 五种，阴离子有 Cl^-、SO_4^{2-}、Br^-、HCO_3^-、CO_3^{2-}、F^- 六种，还有以分子形式存在的 H_3BO_3，其总和占海水盐分的 99.9%。由于这些成分在海水中的含量较大，各成分的浓度比例近似恒定，生物活动和总盐度变化对其影响都不大，所以称为保守元素。海水中的 Si 含量有时也大于 1mg/kg，但是由于其浓度受生物活动影响较大，性质不稳定，属于非保守元素，因此讨论主要成分时不包括 Si。

（2）溶于海水的气体成分，如氧、氮及惰性气体等。

（3）营养元素，主要是与海洋植物生长有关的要素，通常是指 N、P 及 Si 等。这些要素在海水中的含量经常受到植物活动的影响，其含量很低时，会限制植物的正常生长，所以这些要素对生物有重要意义。

（4）微量元素，在海水中含量很低，但又不属于营养元素者。

（5）海水中的有机物质，如氨基酸、腐殖质、叶绿素等。

1.2　海水为什么是咸的？

海水是盐的"故乡"，海水中含有各种盐类，其中 90% 左右是氯化钠，也就是食盐的主要成分。另外还含有氯化镁、硫酸镁、碳酸镁及含钾、碘、钠、溴等各种元素的其他盐类。氯化镁是点豆腐用的卤水的主要成分，味道是苦的，因此，含盐类比重很大的海水喝起来就又咸又苦了。

如果把海水中的盐全部提取出来平铺在陆地上，陆地的高度可以增加153m；假如把世界海洋的水都蒸发干了，海底就会积上 60m 厚的盐层。海水里这么多的盐是从哪儿来的呢？科学家们把海水和河水加以比较，研究了雨后的土壤和碎石，得知海水中的盐是由陆地上的江河通过流水带来的。当雨水降到地面，便向低处汇集，形成小河，流入江河，一部分水穿过各种地层渗入地下，然后又在其他地段冒出来，最后都流进大海。水在流动过程中，经过各种土壤和岩层，溶解各种盐类物质，这些物质随水被带进大海。海水经过不断蒸发，盐的浓度就越来越高，而海洋的形成经过了几十万年，海水中含有这么多的盐也就不奇怪了。

1.3　为什么会产生海水入侵？

在沿海地区，由于开采地下水，特别是过量开采且补给量得不到保障时（即补给量不足），地下水位急剧下降，含水层中的淡水与海水的平衡状态遭到破坏，形成大面积地下水位降落漏斗，当地下水位不断变化，导致海水或高矿化地下咸水沿含水层或导水构造向陆地方向扩侵，侵入含水层使沿海地下淡水资源严重恶化。

1.4　海水中溶解有哪些气体？

大气中所有的气体成分，如氮、氧、惰性气体、二氧化碳和人类生产过程释放到大气中的气体成分，在海水中都有一定的溶解度。在海洋中的化学过程、生物过程、地质过程和放射性核素衰变过程中，也会产生一些气体，如一氧化碳、甲烷、氢、硫化氢、氧化亚氮、氡和氦等。

1.5　海水淡化的方法有哪些？

随着海水淡化的发展，海水淡化方法日益增多，到目前为止，主要的海水淡化方法已经达到 20 种。根据分离过程，海水淡化主要包括蒸馏法、膜法、冷冻法、溶剂萃取法等。

（1）蒸馏法海水淡化是将海水加热蒸发，再使蒸汽冷凝得到淡水的过程，又可分为多级闪蒸、多效蒸发和压气蒸馏。

（2）膜法海水淡化是以外界能量或化学势差为推动力，利用天然或人工合成的高分子薄膜将海水溶液中盐分和水分离的方法，由推动力的来源可分为电渗析法、反渗透法等。

（3）冷冻法海水淡化是将海水冷却结晶，再使不含盐的碎冰晶体分离出并融化得到淡水的过程。

（4）溶剂萃取法海水淡化是指利用一种只溶解水而不溶解盐的溶剂从海水中把水溶解出来，然后把水和溶剂分开从而得到淡水的过程。

1.6　海水淡化发展的重要历程是什么？

海水淡化技术的起源无疑很难留下记录，依照目前的资料来看，第一个陆基海水淡化厂可能是 1560 年建在突尼斯的一座海岛上。17 世纪就有海水蒸馏的报道，在 1675 年和 1683 年的英国专利 No.184 和 No.226 提出了海水蒸馏淡化。18 世纪提出了冰冻法海水淡化。1800 年后，由于蒸汽机的出现，以及远洋殖民开拓对航海的发展和实际需求，促进了蒸馏的发展，出现了浸没式蒸发器，这可作为海水淡化技术发展的开始，1812—1840 年开发了单效和真空多效蒸发，也开始了闪蒸的研究和设计工作。1852 年，英国专利垂直管海水蒸发器很快在舰船上使用，之后又提出水平管喷膜蒸发、蒸汽压缩等专利。1872 年，在智利出现了世界上第一台太阳能海水淡化装置，日产淡化水 2t。1884 年，英国建成第一台船用海水淡化器，以解决远洋航运的饮水问题。1898 年，俄国巴库日产淡水 1230t 的多效蒸发海水淡化工厂投入运行。

到 1900 年提出了多级闪蒸（MSF）的专利。1930 年，机械蒸汽压缩蒸馏有很大的改进。1942 年出现了适于船用的浸没管蒸馏，1943 年出现了适于船舶及海岛使用的蒸汽压缩蒸馏，这使该装置和多效蒸发在第二次世界大战期间得到大力发展，并装备于各式战舰和船只上，但这阶段多为浸没式多效蒸发装置，这种装置直到 1970 年仍在使用，且规模越来越大。1943也有用于海上救生的离子交换淡化装置。1944 年又提出了人工冷冻法。同时在 1930 年提出了反渗透和电渗析的概念，但 1954 年电渗析才投入实际应用中，主要用于苦咸水脱盐。

1953 年，提出溶剂萃取法。1957 年 R.S.Silver 和 A. Frankel 发明了多级闪蒸（MSF）。由于克服了多效蒸发中易结垢和腐蚀等问题，所以在中东等缺水地区获得很快的发展。这可作为海水淡化技术大规模应用的开始。1960 年反渗透（RO）膜获得突破性进展，但在海水淡化中应用是美国 DuPont 公司"Permsep"B-10 中空纤维反渗透器首先于 1975 年开始的；1961 年又提出耗能很低的水合物法。1975 年低温多效（LT-ME）蒸馏商品化，它克服了以前多效蒸发易高温结垢的缺点，能耗也有所降低，用材要求也不苛刻，因而得到一定程度的推广；20 世纪 80 年代中期之后，随着反渗透膜性能提高、价格下降、能量回收效率的提高，RO 成为投资最省、成本最低的海水淡化制取方法。由于水资源的缺乏和用水量的巨大需求，核能淡化也引起世界原子能组织和各国的重视。核能与反渗透或蒸馏法结合，大规模生产饮用水正在推进之中。

1.7　什么是蒸馏法？它有什么特点？

蒸馏法是将海水淡化加热后产生的蒸汽凝缩而得到淡水的方法。蒸馏法依据所用能源、设备及流程不同又分为多种，其中主要有以下四种：多级闪急蒸馏（MSF）、多效蒸发（ME）、蒸汽压缩蒸馏（VC）和太阳能蒸馏（SD）等。此外，还有以上几种方法的组合，特别是多级闪急蒸馏与其他方法的组合，目前正日益受到重视。蒸馏法是最早采用的海水淡化技术，其过程是先使海水受热蒸发气化，再使蒸汽冷凝而得到淡水。蒸馏法所能处理的原料水非常广泛，原料水含盐量从每升几百毫克到几万毫克都能适应。蒸馏法具有其他方法无可比拟的特点：设备简单可靠；受原水浓度限制小，即当料液浓度变化时，蒸发过程的条件改变不大，能耗变化较小，所以蒸馏法更加适合于海水及浓度较高的苦咸水；蒸馏法所得的淡水水质较高。

1.8　什么是反渗透法？进一步研究的方向有哪些？

反渗透（Reverse Osmosis，RO）是指在压力驱动下，溶剂（水）通过半透膜进入膜的低压侧，而溶液中的其他组分（如盐）被阻挡在膜的高压侧并随浓缩水排出，从而达到有效分离的过程。海水进行淡化时，在海水一侧施加一大于海水渗透压的外压，则海水中的纯水将反向渗透至淡水中，此即反渗透海水淡化原理。为了取得必要的淡化速率，实际操作压力大于5.5MPa，操作压力与海水渗透压之差，即为过程的推动力。RO 适用于海水、苦咸水、大型或中型或小型各种规模淡化厂，是海水淡化中近 20 年发展最快的技术。目前，反渗透海水淡化的研究方向主要集中在以下四个方面：

（1）进一步提高反渗透膜的透水率和脱盐率。

（2）增加反渗透膜的抗氧化性能。

（3）研究新型的能量回收装置。

（4）工艺最佳化研究。

1.9　什么是电渗析法？

电渗析法（Electro Dialysis，ED）是以直流电为推动力，利用阴离子交换树脂、阳离子交换膜对水溶液中阴离子、阳离子的选择透过性，使一个水体中的离子通过膜转移到另一水体中的分离过程。电渗析法利用电场的作用，强行将离子向电极处吸引，致使电极中间部位的离子浓度大为下降，从而制得淡水。一般情况下，水中离子都可以自由通过交换膜，除非人工合成的大分子离子。电渗析与电解不同之处在于：电渗析的电压虽高，电流并不大，维持不了连续的氧化还原反应；电解却正好相反。电渗析广泛应用于化工、轻工、冶金、造纸、海水淡化、环境保护等领域。

1.10　什么是冷冻法？

冷冻法是利用低温使海水结冰，由于海水中的其他组分比水的溶解度高，所以水先从海水中析出晶体，这种晶体的含盐量非常低，然后对晶体跟海水进行分离，最后将冰融化而得到淡水的过程。冷冻法分天然冷冻法和人工冷冻法。天然冷冻法是在高纬度地区，利用冬季温度较低，海水自然冷却结冰，采取自然或人工方法取冰，利用不同方式进一步去除天然冰体中盐分的方法。人工冷冻法是利用冷冻装置将海水冷却至冰点以下，使海水结冰，取其冰晶洗涤，融化而得到淡水。

1.11　什么是水合物法？优点有哪些？

水合物法是利用较易生成水合物的小分子物质与海水中的水生成水合物晶体，经固液分离后，分解水合物得到淡水的过程。水合物法海水淡化技术的最大优点是能耗低、设备简单、紧凑；工质在水或盐水中溶解度较低；无毒、价廉易得，无爆炸危险等。如果直接利用海底的低温高压来生成水合物，而不需要冷凝，仅需为工质循环泵提供能量，可以大幅减低能耗。

1.12　什么是电容吸附脱盐法？

电容吸附脱盐法是利用双电层放电对溶液中的离子进行分离的一种新颖的脱盐方法，英文缩写为 CDI，也称为充电富集法或电偶层电极脱盐法。电容吸附脱盐法是近年新发展起来的一种水处理方法，利用大表面积的导电材料通电，在正极表面吸附溶液中的负离子，在负电极吸附正离子，而使流过电极间的溶液淡化，当电极短路时吸附的离子脱离电极排出浓溶液。

1.13　什么是溶剂萃取法？它具有哪些特点？

溶剂萃取法是利用化合物在两种互不相溶（或微溶）的溶剂中溶解度或分配系数的不同，使化合物从一种溶剂转移到另外一种溶剂中的方法。经过反复多次萃取，将绝大部分的化合物提取出来。溶剂萃取法是一种常用的分离与富集方法。该法具有选择性好、回收率高、设备简单、操作简便、快速，以及易于实现自动控制等待点。但是，该法也有一些不足之处，如使用的萃取剂价格大多较昂贵，有机溶剂较易挥发并有一定的毒性，多级萃取过程比较繁琐等。

1.14　海水淡化方法的组合有哪些？

海水淡化方法的组合可以有三种形式：一是方法本身的组合及方法之间的组合，二是发电与淡化组合，三是发电、淡化与综合利用的组合。组合的目的是为了充分发挥各方法的特长及充分合理利用能量，从而降低成本获取综合效益。

（1）方法本身的组合及方法之间的组合。方法本身的组合以多段多级反渗透或电渗析为例，可以达到提高回收率或提高产水质量的目的。方法间的组合有多级闪蒸与多效蒸发的组合，多级闪蒸与蒸汽压缩的组合，纳滤、反渗透与多级闪蒸的组合，反渗透与电渗析的组合等。

（2）发电与淡化组合。包括发电与多级闪蒸、多效蒸发、反渗透或电渗析的组合。

（3）发电、淡化与综合利用的组合。以上述发电与淡化的组合，回收浓盐水中的盐分及资源。

1.15　海水预处理的目的有哪些？

海水预处理的目的主要是去除对海水淡化设备有害的物质，以保证海水淡化设备的正常运行。有害物质包括悬浮物、胶体、铁锰盐、溶解气体等。淡化前对海水进行预处理，还要去除原水中悬浮物等杂物，去除水中胶体、溶解气体、水质软化，去除铁盐和锰盐，去除氯等氧化剂等有害物质。

1.16　海水预处理的方法有哪些？

海水预处理的方法主要有：
（1）原水混凝沉淀除浊技术。
（2）原水灭菌杀生技术。
（3）原水过滤除浊技术。
（4）原水软化与阻垢技术。
（5）原水脱气技术。
（6）原水除铁、锰技术。
（7）原水除余氯技术。
（8）原水除有机物、异臭和异味技术。

1.17　海水淡化工程原水的采集方法有哪些？

为了减少风浪、潮汐、季节等影响，海水取水可以采用以下方式：
（1）建防波堤，从堤内引水至沉砂池。
（2）水下铺设管道。从离岸 200m 处，4m 深水处引水至沉砂池。
（3）海滩打深井或辐射井取水。

1.18 海水预处理常用的药剂有哪些？

海水预处理常用的药剂有混凝剂、助凝剂、消毒剂、水质软化剂、阻垢分散剂、除氧剂、除臭剂等。

常用混凝剂有：硫酸铝、聚合氯化铝、三氯化铁、聚合硫酸铁、聚丙烯酰胺等。

常用的助凝剂有：硫酸、盐酸、石灰、活性硅酸等。

常用的消毒剂有：液氯、漂白粉、次氯酸钠、二氧化氯、臭氧及紫外线。

常用水质软化剂有：硫酸、盐酸、磷酸、石灰、纯碱、烧碱、磷酸三钠等。

常用阻垢分散剂有：聚磷酸盐、有机磷酸盐、聚羧酸类。

常用除臭剂有：臭氧、高锰酸钾、活性炭吸附剂等，或用生物活性炭滤池生化降解剂。

1.19 原水的除浊技术有哪些？

目前，原水的除浊技术主要是过滤除浊，过滤除浊是最重要的除浊技术，主要有机械过滤法、混凝过滤法、吸附过滤法、微孔膜过滤法、超滤法等方法。

1. 机械过滤法

机械过滤法是使水通过格栅、筛网、滤布、粒状滤料层，把水中的悬浮杂质以及部分有机物、胶体截留除去。

2. 混凝过滤法

混凝过滤法是利用海水中悬浮物胶体带电荷的特性，从而利用与其带相反电荷的絮凝剂与其中和，降低胶体表面电势，使其脱稳絮凝变成较大颗粒絮凝体，然后通过混凝沉降器分离絮凝体或用压力介质过滤器去除已形成的絮凝体。

3. 吸附过滤法

吸附过滤法是利用吸附剂的吸附作用，去除原水中的悬浮杂质、有机物、细菌、铁和锰等，属于纯水制备中的深度处理方法。

4．微孔膜过滤法

微孔膜过滤法是一种以压力为动力的筛分过程，它属于精密过滤技术。其特点是膜孔均一、过滤精度高、滤速快、吸附量少、无介质脱落等。

5．超滤法

超滤法是在压力差的驱动下，用可以阻挡不同大小分子的滤板或滤膜将液体过滤的方法，是常用的分离方法。在超滤过程中，水深液在压力推动下，流经膜表面，小于膜孔的深剂（水）及小分子溶质透过水膜，成为净化液（滤清液），比膜孔大的溶质及溶质集团被截留，随水流排出，成为深缩液。超滤过程为动态过滤，分离是在流动状态下完成的。溶质仅在膜表面有限沉积，超滤速率衰减到一定程度而趋于平衡，且通过清洗可以恢复。

1.20　原水的杀生灭菌技术有哪些？

目前，在工程中应用较多的原水杀生灭菌技术主要有氯消毒、臭氧消毒、紫外线消毒、过氧乙酸消毒、超滤和微滤消毒等。

1．氯消毒

一般认为，氯消毒主要是通过次氯酸 HClO 来起作用，当氯或次氯酸加入到水中时会先水解，主要生成 HClO、ClO$^-$ 等物质，由于 HClO 为分子量很小的电中性分子，比较容易渗透到带负电的细菌表面，并通过细胞壁穿透到细胞内部，通过氧化作用破坏细菌的酶系统而使细菌死亡。但水经氯消毒后往往会产生多种有害物质，尤其是"三致"作用的消毒副产物，如三氯甲烷、氯乙酸等。此外，液氯不能有效杀灭隐孢子虫及其孢囊，因此，现在氯消毒在逐渐被其他消毒方法代替。

2．臭氧消毒

臭氧灭菌能起到降低 COD、脱色除臭、降低浊度、增加水体溶解氧浓度的作用。臭氧是一种强氧化剂，灭菌过程属生物化学氧化反应。臭氧灭菌有以下三种形式：

（1）臭氧能氧化分解细菌内部葡萄糖所需的酶，使细菌灭活死亡。

（2）直接与细菌、病毒作用，破坏它们的细胞器和 DNA、RNA，使细菌的新陈代谢受到破坏，导致细菌死亡。

（3）透过细胞膜组织，侵入细胞内，作用于外膜的脂蛋白和内部的脂多糖，使细菌发生通透性畸变而溶解死亡。

3. 紫外线消毒

紫外线消毒技术是基于现代防疫学、医学和光动力学的基础上，利用特殊设计的高效率、高强度和长寿命的 UVC 波段紫外光照射流水，将水中各种细菌、病毒、寄生虫、水藻以及其他病原体直接杀死，达到消毒的目的。

4. 过氧乙酸消毒

过氧乙酸是一种广谱、速效、高效的灭菌剂，可以杀灭一切微生物，对病毒、细菌、真菌及芽孢均能迅速杀灭，可广泛应用于各种器具及环境消毒。0.2%溶液接触 10min 基本可达到灭菌目的。此方法可用于空气、环境消毒和预防消毒。

5. 超滤和微滤消毒

超滤和微滤消毒可滤除水体中悬浮物、胶体、微生物、细菌、病毒和大分子有机物，它们与产水分开，灭菌杀生后不存在菌、藻尸体及代谢产物污染水体，或产生毒副产品的问题，可连续自动化操作，但运行费用高，维护困难。

1.21 消毒剂有哪些分类？

常用的消毒剂产品按成分分类主要有九种：含氯消毒剂、过氧化物类消毒剂、醛类消毒剂、醇类消毒剂、含碘消毒剂、酚类消毒剂、环氧乙烷、双胍类消毒剂和季铵盐类消毒剂；按消毒效果分类有三种：高效消毒剂、中效消毒剂、低效消毒剂。

（1）含氯消毒剂是指溶于水且能产生次氯酸的消毒剂，其杀微生物有效成分常以有效氯表示。次氯酸分子量小，易扩散到细菌表面并穿透细胞膜进入菌体内，使菌体蛋白氧化导致细菌死亡。含氯消毒剂可杀灭各种微生物，包括细菌繁殖体、病毒、真菌、结核杆菌和抗力最强的细菌芽孢。这类消毒剂包括无机氯化合物（如次氯酸钠、次氯酸钙、氯化磷酸三钠）、有机氯化合物（如二氯异氰尿酸钠、三氯异氰尿酸、氯铵 T 等）。

（2）过氧化物类消毒剂具有强氧化能力，各种微生物对其十分敏感，可将所有微生物杀灭。这类消毒剂包括过氧化氢、过氧乙酸、二氧化氯和臭氧等。它们的优点是消毒后在物品上不留残余毒性。

（3）醛类消毒剂包括甲醛和戊二醛等。此类消毒原理是一种活泼的烷化剂作用于微生物蛋白质中的氨基、羧基、羟基和巯基，从而破坏蛋白质分子，使微生物死亡。甲醛和戊二醛均可杀灭各种微生物，由于它们对人体皮肤、黏膜有刺激和固化作用，并可使人致敏，因此不可用于空气、餐具等消毒，一般仅用于医院中医疗器械的消毒或灭菌，且经消毒或灭菌的物品必须用灭菌水将残留的消毒液冲洗干净后才可使用。

（4）醇类消毒剂中最常用的是乙醇和异丙醇，它可凝固蛋白质，导致微生物死亡，属于中效消毒剂，可杀灭细菌繁殖体，破坏多数亲脂性病毒，如单纯疱疹病毒、乙型肝炎病毒、人类免疫缺陷病毒等。醇类杀微生物作用亦可受有机物影响，而且由于易挥发，应采用浸泡消毒或反复擦拭以保证其作用时间。醇类常作为某些消毒剂的溶剂，而且有增效作用，常用浓度为 75%。

（5）含碘消毒剂包括含碘及以碘为主要杀菌成分制成的各种消毒制剂，碘作为最古老的消毒剂之一，常见的含碘消毒剂有碘酊、碘伏、安尔碘。碘类消毒剂作为一款中效消毒剂，具有杀菌广谱，消毒效果好等优点。

（6）酚类消毒剂具有悠久的历史，曾作为医院主要消毒剂之一，主要包括苯酚、煤酚皂溶液、六氯酚、黑色消毒液及白色消毒液等。在高浓度下，酚类可裂解并穿透细胞壁，使菌体蛋白凝集沉淀，快速杀灭细胞；在低浓度下，可使细胞的酶系统失去活性，致使细胞死亡。但由于近年来新型消毒剂不断出现，加之酚类消毒剂本身固有的缺点和环境污染问题，应用已越来越少。

（7）环氧乙烷又名氧化乙烯，属于高效消毒剂，可杀灭所有微生物。由于它的穿透力强，常将其用于皮革、塑料、医疗器械、医疗用品包装后进行消毒或灭菌。它对大多数物品无损害，可用于精密仪器、贵重物品的消毒，尤其对纸张色彩无影响，常将其用于书籍、文字档案材料的消毒。

此外，还有双胍类和季铵盐类消毒剂，它们属于阳离子表面活性剂，具有杀菌和去污作用，医院里一般用于非关键物品的清洁消毒，也可用于手消毒，将其溶于乙醇可增强其杀菌效果作为皮肤消毒剂。由于这类化合物可改变细菌细胞膜的通透性，常将它们与其他消毒剂复配以提高其杀菌效果和杀菌速度。

1.22 原水软化阻垢技术有哪些？

原水软化阻垢技术主要有化学反应沉淀软化法、离子交换法、酸化法，以及加入钙、镁络合剂掩蔽法和纳滤膜法等方法。

1. 化学反应沉淀软化法

此方法是通过将原水中的钙、镁离子转换成碳酸钙、氢氧化镁沉淀而使水质软化。主要有石灰软化法、石灰-纯碱软化法、热法石灰-纯碱-磷酸盐软化法。

2. 离子交换法

原水经化学反应沉淀软化处理后，水中硬度、碱度往往不能满足淡化法处理要求，还要通过离子交换法进一步软化处理，通常用钠离子、氢离子等阳离子交换树脂，通过阳离子交换反应去除水中的钙和镁离子。

水中碳酸盐硬度（暂时硬度）软化过程（下面 R 为离子交换剂）：

$$Ca（HCO_3）_2+2NaR=CaR_2+2NaHCO_3$$
$$Mg（HCO_3）_2+2NaR=MgR_2+2NaHCO_3$$

水中非碳酸盐硬度（永久硬度）软化过程：

$$CaSO_4+2NaR=CaR_2+Na_2SO_4$$
$$CaCl_2+2NaR=CaR_2+2NaCl_2$$
$$MgSO_4+2NaR=MgR_2+Na_2SO_4$$
$$MgCl_2+2NaR=MgR_2+2NaCl$$

氢离子交换树脂软化反应过程：

$$Ca^{2+}+2HR=CaR_2+2H^+$$
$$Mg^{2+}+2HR=MgR_2+2H^+$$
$$Na^++HR=NaR+H^+$$

3. 酸化法

通过加强酸调节水 pH 值小于 4.0，可防止电渗析过程中产生碳酸盐沉

淀或 $Mg(OH)_2$ 沉淀。

$$Ca(HCO_3)_2+2HCl=CaCl_2+2CO_2+2H_2O$$
$$CaCO_3+CO_2+H_2O= Ca(HCO_3)_2$$
$$Ca(HCO_3)_2=Ca^++2HCO_3^-$$
$$HCO_3^-=H^++CO_3^{2-}$$

因此，水中加少量酸，可促使反应向左进行，碳酸氢盐趋于稳定，同时，足量碳酸氢盐分解防止产生碳酸钙沉淀。

4．加入钙、镁络合剂掩蔽法

向原水中加入聚磷酸盐、有机磷酸、磷基聚羧酸等，这些物质在水体中与钙、镁离子以及与其他金属离子有很强的整合或络合性能，使其不易沉淀，阻止水垢形成。

5．纳滤膜法

纳滤（NF）膜法是介于超滤与反渗透之间的一种膜分离技术方法。NF膜孔径为 1～2nm，具有选择透过性，纳滤膜本体带有电荷性，截留分子量为200～2000，不仅能脱除病毒和细菌、三卤甲烷中间体（致癌物）、异味、色度、农药、合成洗涤剂、可溶性有机物、Ca、Mg 等硬度成分及蒸发残留物质，而且能透析小分子结构的离子、负离子，纯化了水中溶解氧，保持了水的生物活性。

1.23　原水有哪些脱气方法？

水中 CO_2、O_2 等气体的去除处理叫脱气处理。脱气处理的方法主要有酸化脱气、加热脱气、真空脱气、氮气曝气脱气、接触树脂脱气和除氧剂脱气等。

（1）酸化脱气：往原水中加酸调节，使 pH 值调节至 4.5 左右，从而使碳酸盐分解为 CO_2 气体逸出。

（2）加热脱气：用蒸汽加热原水，使水温升高至器内压力下的沸点，可使水中溶解气体在 0.007mg/L 以下。该法对锅炉用水除气特别合适。

（3）真空脱气：将器内压力降至相应水温的水蒸气压使水沸腾，水中溶解的 O_2、CO_2 等气体就会逸出。

（4）氮气曝气脱气：通过把氮气通入原水中并进行曝气，导致 O_2、

CO_2 等气体在原水中溶解度下降，从而从原水中逸出。

（5）接触树脂脱气：利用载有钯和铂的阴离子交换树脂为催化剂，使联氨与水体中的氧起化学反应生成水和氨气而除氧。

（6）除氧剂脱气：往原水中加入除氧剂去除氧气。常用的除氧剂有 Na_2SO_3、$NaHCO_3$、$Na_2S_2O_4$ 等。

1.24　除去原水中的铁和锰有哪些技术？

原水中铁、锰可用混凝沉淀法、离子交换法、曝气氧化法、氯氧化法、接触氧化法及铁细菌除铁法去除。

1．混凝沉淀法

通过调节水体 pH 值，在原水软化时，铁、锰与钙、镁一起沉淀。

2．离子交换法

通过阳离子交换树脂在去除钙、镁离子的同时去除铁、锰离子。

3．曝气氧化法

通过曝气装置使海水与空气充分接触，海水中的 Fe^{2+} 氧化成 Fe^{3+}，并水解生成 $Fe(OH)_3$ 沉淀，其反应如下：

$$4\ Fe^{2+}+O_2+10H_2O \rightarrow 4\ Fe(OH)_3 \downarrow +8H^+$$

生成的 $Fe(OH)_3$ 还可以与水中悬浮物发生吸附、架桥和絮凝作用。曝气后的水经过滤就可去除铁和悬浮物。

4．氯氧化法

用氯气氧化水中亚铁离子使其生成 $Fe(OH)_3$ 沉淀：

$$2\ Fe^{2+}+Cl_2=6H_2O \rightarrow 2Fe(OH)_3 \downarrow +2\ Cl^-+6H^+$$

5．接触氧化法

锰砂主要成分是 MnO_2，它是亚铁氧化成三价铁的优良催化剂。以天然锰砂为滤料，原水曝气后，立即进入锰砂滤池。过滤池过滤的同时，发生催化氧化反应，生成 $Fe(OH)_3$。沉淀被滤池截留：

$$4MnO_2+3O_2 \rightarrow 2\ Mn_2O$$

$$Mn_2O+6Fe^{2+}+3H_2O \rightarrow 2MnO_2+6Fe^{3+}+6OH^-$$
$$Fe^{3+}+3OH^- \rightarrow Fe(OH)_3 \downarrow$$

6．铁细菌除铁法

筛选铁细菌经驯化培养投入原水贮水池中，在砂池过滤除去悬浮物的同时，铁细菌被截留在滤池表面繁殖，在原水过滤的同时，水中亚铁离子被铁细菌氧化成 Fe^{3+}，Fe^{3+} 立即水解生成 $Fe(OH)_3$ 沉淀被滤池截留。

1.25　怎么除去原水中的余氯？

常用的脱氯方法有投加 Na_2SO_3、$NaHSO_4$、$Na_2S_2O_4$、通气态 SO_2 和活性炭吸附去除。投加亚硫酸氢钠药剂量是海水中余氯量的三倍，去余氯的反应式为

$$Cl_2+Na_2SO_3+H_2O=2HCl+Na_2SO_4$$
$$Cl_2+Na_2S_2O_4+2H_2O=2HCl+Na_2SO_4+H_2SO_4$$

1.26　怎么除去原水中的臭气和有机物？

通过活性炭吸附过滤器可以吸附去除水中有机物和异臭异味，提高淡水水质，同时减轻膜污染，延长膜使用寿命。先经氧化处理再用活性炭吸附处理效果会更佳。

1.27　闪蒸蒸汽是怎样形成的？

当水在大气压力下被加热时，100℃是该压力下液体水所能允许的最高温度。再加热也不能提高水的温度，而只能将水转化成蒸汽。水在升温至沸点前的过程中吸收的热叫"显热"，或者叫饱和水显热。在同样大气压力下将饱和水转化成蒸汽所需要的热叫"潜热"。然而，如果在一定压力下加热水，那么水的沸点就要比 100℃高，所以就要求有更多的显热。压力越高，水的沸点就高，热含量亦越高。压力降低，部分显热释放出来，这部分超量热就会以潜热的形式被吸收，引起部分水被"闪蒸"成蒸汽。

1.28　为什么水垢沉积会造成爆炸？

水垢沉积造成海水淡化设备爆炸是由水垢的物理性质决定的。因为水垢的导热性很差，它的存在会导致换热管受热面传热情况变坏，排烟温度升高，增加燃料消耗量；同时引起受热面金属过热，温度过高，金属强度下降，在蒸汽压力作用下，过热部位变形、鼓包，甚至引起爆炸事故。

1.29　为什么对海水进行蒸馏时，降低温度能防止水垢产生？

当温度升高时，海水中更多的钙、镁以及其他金属离子和碳酸根离子反应生成不溶性的物质，这也是在加热设备和热水管时，它们附近容易结垢的原因。而降低温度可以防止不溶性物质的产生，所以能够防止产生水垢。

1.30　为什么闪蒸时保持一定的流速海水就不会结垢？

闪蒸时，由于温度很高，会有很多水垢产生，如果海水流速过小，水垢会在管道以及换热器壁上沉淀，影响设备及其管道的寿命，也会影响产品水的质量。所以，闪蒸时使海水保持一定的流速能将沉淀带出，防止沉淀结在容器壁上。

1.31　目前海水淡化的成本有多高？

海水淡化的吨水成本根据不同的规模、工艺而有差别，总的来说成本为 4.5～8.0 元/t。对于反渗透海水淡化，影响成本最大的因素是电力费用，其次是药剂费和膜更换费用。对于低温多效蒸馏和多级闪蒸海水淡化，影响成本最大的因素是蒸汽费用，其次是电力费用。

1.32　红树为什么被称为"植物海水淡化器"？

红树在吸收海水中的盐分上具有奇特功能。一棵高 25m 的深褐色红树，每天可以从叶片上收集到 60kg 的氯化钠。红树的树干如同天然的海水脱盐器，把海水中的盐输送到叶片上，而淡水留存下来。因此，植物学家称红树为"植物海水淡化器"。

1.33　蒸馏法海水淡化技术的发展趋势是什么？

国外从 20 世纪 50 年代开始研究和开发淡化技术，到 70 年代已形成了淡化工业体系。从 70 年代中期到 80 年代后期，技术最成熟、应用最广泛、规模最大的是蒸馏法中的多级闪蒸（MSF）。多级闪蒸的主要优点是结垢倾向相对较小，运行安全，设备整体性强，易于大型化；缺点是设备占地面积大，能耗较高，运行费用相对较高，运行管理相对复杂。

低温多效蒸发海水淡化技术在国际上是一项成熟的技术，有 300 多套商用装置投入使用，取得 30 多年使用经验。

我国在 20 世纪 80 年代末开始研究低温多效蒸馏法海水淡化技术，初期主要是基础理论研究，到"九五"期间天津海水淡化研究所开展双效压汽蒸馏技术研究，在设备的效间联接、防蚀保护和材料选择等方面取得了成果。

科技部根据天津淡化所在低温多效技术方面取得的成绩，调整了"九五"后两年的攻关合同，同意在华欧黄岛电厂建立 2×3000t/d 低温多效海水淡化示范工程。目前已有 1 台投产运行，这是我国第一台自己研发、生产的低温多效蒸汽淡化装置。

随着技术不断进步，多效蒸发技术的结垢问题已得到较好的解决，再加上强化了传热，表现了更突出的优势。如阿法拉伐技术有限公司的低温多效装置（MED），其蒸发温度低于 70～90℃，大大低于多级闪蒸的蒸发温度（120℃）；另外采用板式换热器，可以较方便地安装和拆卸。因此，防垢、防腐和设备的整体性得以解决，同时与多级闪蒸法比占地小、能耗低。近年来，多效蒸馏保持了相当快的增长速度，而多级闪蒸增长缓慢。因此，人们认为，LT-MED 装置是当前蒸馏法中最有竞争力的淡化设备。

1.34　反渗透法海水淡化技术发展趋势是什么？

（1）研制新的反渗透膜，进一步提高膜的透水通量和截留率，增强膜的抗污染性和抗氧化性，进一步降低膜的价格。

（2）提高配套装置的性能。反渗透膜确定之后，生产装置能耗主要取决于高压泵和能量回收设备的效率。因此开发新型的高压泵和能量回收装置，进一步提高其效率和服务年限将有助于降低淡化成本。

（3）用新技术代替传统的预处理技术。目前海水预处理通常采用氧化杀菌、多级过滤、还原脱氯等传统技术，需消耗较多的化学药剂，不仅成本提高，环境还易受污染，如采用微滤或超滤等新技术可简化预处理，减少或避免化学药剂的加入。

1.35　什么是浓缩倍率、造水比？

浓缩倍率是指对于一定浓度的水溶液而言，设其某种物质的含量为 S_0，经过蒸发以后此物质的浓度变为 S_1，称 S_1/S_0 的值为此溶液在蒸发过程中的浓缩倍率。浓缩倍率的物理意义是反映某水溶液蒸发能力强弱的物理量。

造水比是指蒸馏装置生产的蒸馏水量与加热蒸汽量之比。

1.36　开发利用海水资源能带来哪些效益？

（1）开发利用海水资源是加快海岛建设的基本前提。我国面积大于 $500m^2$ 的岛屿有 6500 多个，大多数因缺乏淡水资源而无法居住和开发。已开发利用的岛屿有 400 多个，也普遍因淡水资源短缺而制约其发展。海岛具有重要的经济和军事战略地位，关系到国家安全。通过发展海水利用，解决岛屿水资源供应问题，是海岛开发建设必须解决的首要问题。

（2）开发利用海水资源能有效增加资源供应。海水中蕴藏着大量的化学物质，世界上其他国家每年从海洋中提取盐 5000 万 t，镁及氧化镁 260 万 t，溴 20 万 t。而我国目前仅开展了规模化制盐，多数化学元素的综合利用尚处于科学研究阶段。我国海岸线长，海域广阔，从海水中提取化学元素，增加化工资源供应的潜力很大。

（3）积极利用海水资源还能增强沿海高用水行业竞争力。在淡水资源短缺、淡水价格不断上涨的情况下，利用海水作为工业冷却用水，将海水淡化水作为工业锅炉用水，对于沿海工业企业，特别是电力、化工、石化等高用水企业，是降低成本，提高效益的必然选择。

1.37　我国海水利用产业化取得了哪些重大进展？

（1）海水利用技术取得重大突破。我国海水淡化在反渗透法、蒸馏法等海水淡化关键技术方面，如日产 5000t 反渗透海水淡化工程和日产 3000t 蒸馏法海水淡化工程已有商业化建设和运行经验，并拥有自主知识产权，目前正在进行万吨级示范。海水直流冷却技术已得到推广应用，海水循环冷却技术已进入每小时万吨级产业化示范阶段，有的指标已达到世界先进水平。海水脱硫技术已在沿海火电厂开始应用。海水化学资源综合利用技术取得积极进展，如海水制盐广泛应用，海水提取镁、溴、钾等已完成千吨级中试。

（2）海水利用初具规模。截至 2016 年年底，全国已建成海水淡化工程 131 个，产水规模 118.80t/d；年利用海水作为冷却水量为 1201.36 亿 t，新增海水冷却用海水量 75.70 亿 t/a，海水直流冷却水年利用量已近 550 亿 m^3。

（3）海水淡化成本迅速下降。由于创新能力不断增强，技术水平不断提高和规模的不断扩大，吨水成本已经降到 5 元左右。

第2章 我国海水淡化行业的政策法规

2.1 《关于加快海水淡化产业发展的意见》对海水淡化的发展提出了哪些目标要求和重点工作？

2012 年，国务院办公厅印发的《关于加快海水淡化产业发展的意见》，沿海各省市积极落实，围绕海水淡化、海水直接利用等方面开展工作，海水淡化规模稳步增长、技术装备能力大幅提升。

（1）加强关键技术和装备研发。加大大型热法膜法海水淡化、大型海水循环冷却等关键技术，反渗透海水淡化膜组件、高压泵、能量回收等关键部件和热法海水淡化核心部件，以及化工原材料和相关检验检测技术的研发力度，鼓励开发海水淡化新技术，增强自主创新能力和配套能力。积极研究开发利用电厂余热以及核能、风能、海洋能和太阳能等可再生能源进行海水淡化的技术，鼓励沿海有条件的发电企业实行电水联产。研究建立国家级工程技术中心等科技创新服务平台，加强国际技术交流与合作，提高海水淡化关键设备、成套装置研制能力和技术集成水平。

（2）提高工程技术水平。在加强海水淡化关键技术研发的基础上，强化系统集成，不断提高海水淡化产业的设计、制造、建设及应用等工程技术水平。积极研究开发海水淡化取水、预处理、淡化水后处理、浓盐水综合利用和排放处置等各环节的工程技术和成套装置。

（3）培育海水淡化产业基地。以企业为主体，以项目为依托，以技术装备为核心，促进海水淡化研究设计、装备制造和工程应用等要素在区域上集聚，鼓励研究机构、高校、工程设计和装备制造企业、相关原材料生产企业等在有条件的地区集中投入建立海水淡化产业基地，培育一批具有国际竞争力的海水淡化装备制造企业和工程设计建设企业。

（4）组建海水淡化产业联盟。以市场为导向，加强产学研商用的结合，推动海水淡化技术研发、装备制造、工程建设和应用、原材料生产以及产业服务等产业链各环节在自愿的基础上加强集聚，组建海水淡化产业联盟，使分散的各类资源和能力形成合力参与市场竞争，形成完善的产业链。

（5）实施海水淡化示范工程。根据不同海域和地区、行业、企业的实际情况及不同水质要求，针对海水淡化膜法、热法及热膜耦合等工艺技术，自主设计和建设运营一批海水淡化重点示范工程，到 2015 年建成 2 个日产能 5 万～10 万 t 的国家级海水淡化重大示范工程、20 个日产能万吨级海水淡化示范工程和 5 个浓盐水综合利用示范项目。

（6）建设海水淡化示范城市。鼓励沿海缺水地区在保障公共饮用水安全的前提下积极创建海水淡化示范城市，城市新增用水优先使用海水淡化水，积极发展海水淡化产业。选择居民较多、淡水匮乏、关系国家海洋权益的海岛作为海水淡化示范海岛，将海水淡化水作为这些海岛新增供水的第一水源。鼓励结合地区特点，建设以海水淡化水作为重要水源的示范工业园区。

（7）推动使用海水淡化水。沿海淡水资源匮乏或地下水严重超采地区新建、改建和扩建高耗水工业项目，要优先使用海水淡化水作为锅炉补给水和工艺用水水源。加强统一调度和监管，在满足各相关指标要求、确保人体健康的前提下，允许海水淡化水依法进入市政供水系统。将海水淡化水作为海岛新增供水的重要来源之一。将海水淡化水作为水资源的重要补充，纳入水资源的统一配置，优化用水结构。推动和督促临海、近海企业将海水淡化产生的浓盐水用于制盐及盐化工产业。

2.2　《中华人民共和国企业所得税法实施条例》对海水淡化有什么优惠政策？

《中华人民共和国企业所得税法实施条例》第二十七条第（三）项所称符合条件的环境保护、节能节水项目，包括公共污水处理、公共垃圾处理、沼气综合开发利用、节能减排技术改造、海水淡化等。企业从事海水淡化项目的所得，自项目取得第一笔生产经营收入所属纳税年度起，第一年至第三年免征企业所得税，第四年至第六年减半征收企业所得税。另外，依照本条例第八十七条和第八十八条规定享受减免税优惠的项目，在减免税期限内转让的，受让方自受让之日起，可以在剩余期限内享受规定的减免税优惠；减免税期限届满后转让的，受让方不得就该项目重复享受减免税优惠。

2.3 《全国科技兴海规划（2016—2020 年）》在哪些方面推动海水淡化？

国家海洋局、科学技术部联合发布的《全国科技兴海规划（2016—2020年）》，明确指出推动海水淡化与综合利用规模化。

（1）显著提升海水淡化与综合利用关键装备自给率。突破膜法、热法海水淡化关键装备系列产品制造关键技术、一体化海岛或船用海水淡化装备生产技术，开发系列化成套装备和产品，加快海水利用关键装备系列产品制造和海水处理绿色药剂研制，提高关键装备可靠性、稳定性、配套能力和竞争能力。突破海水利用规模化设计、加工和制造技术，完善产业链条，打造 2～3 个具有国际竞争力的龙头企业，建设若干自主技术的大型海水淡化示范工程，支持有条件的海岛开发利用深层海水资源，全方位、体系化地促进海水淡化产业规模化发展，实现自主海水淡化技术装备规模出口。

（2）基本实现海水淡化与综合利用材料的国产化。以显著增强海水利用对国家水安全、生态文明建设的保障能力和国际竞争力为目标，大力推进海水淡化膜材料、新型传热材料、海水化学资源提取材料的研发应用，大幅提升相关材料的可靠性和规模化应用水平。

（3）广泛推广海水直接利用。突破高浓缩海水循环冷却水处理、高效海水冷却塔、基于正渗透补水技术的海水循环冷却水处理等关键技术。推进现有企业海水循环冷却替代海水直流冷却试点示范，在滨海新建企业推广应用海水循环冷却技术。在沿海城市和海岛新建居民住宅区，推广海水作为大生活用水。

（4）支持浓盐水利用。加速海水提钾、提溴和溴系镁系产品的高值化深加工技术装备转化应用，培育发展氘、氚等微量元素提取技术，建设专用分离材料和装备生产基地，提高产品附加值。鼓励盐业及盐化工加大技术改造力度，实现传统工艺改进和绿色升级。

2.4 《全国海洋经济发展"十三五"规划》对海水淡化产业提出了哪些新的要求？

2017 年 5 月 4 日，国家发展改革委、国家海洋局联合发布《全国海洋经济发展"十三五"规划》，该《规划》对"十三五"期间全国海洋经济发展做出了全面规划和布局。在"培育壮大海洋新兴产业"方面提出，海水利用业要"在确保居民身体健康和市政供水设施安全运行的前提下，推动海水淡化水进入市政供水管网，积极开展海水淡化试点城市、园区、海岛和社区的示范推广，实施沿海缺水城市海水淡化民生保障工程。在滨海地区严格限制淡水冷却，推动海水冷却技术在沿海电力、化工、石化、冶金、核电等高用水行业的规模化应用。支持城市利用海水作为大生活用水的示范。推进海水化学资源高值化利用，加快海水提取钾、溴、镁等系列化产品开发，开展示范工程建设"。

2.5 《国家中长期科学和技术发展规划纲要》关于海水淡化的发展思路有哪些？

《国家中长期科学和技术发展规划纲要》关于海水淡化的发展思路有：重点研究开发海水预处理技术，核能耦合和电水联产热法、膜法低成本淡化技术及关键材料，浓盐水综合利用技术等；开发可规模化应用的海水淡化热能设备、海水淡化装备和多联体耦合关键设备。

2.6 《海水利用专项规划》中，我国海水淡化的发展目标是什么？

《海水利用专项规划》中规定，到 2020 年，我国海水淡化的发展目标为：

（1）我国海水淡化能力达到 250 万～300 万 m^3/d，海水直接利用能力达到 1000 亿 m^3/a，大幅度扩大和提高海水化学资源的综合利用规模和水平。海水利用对解决沿海地区缺水问题的贡献率达到 26%～37%。

（2）实现大规模海水淡化产业化，海水利用（特别是海水淡化）国产化率达到 90% 以上，提高海水利用技术装备产业化、规模化程度，增强技术装备出口创汇和国际竞争能力，建设若干个 20 万～50 万 m³/d 能力的大规模海水淡化工程，沿海地区的高用水企业的工业冷却水基本上由海水替代，实现海水利用产业的跨越式发展，建立起比较完善的海水利用宏观管理体系和运行机制。

2.7 《水污染防治行动计划》提出海水淡化的要求有哪些？

2015 年 4 月，《水污染防治行动计划》（简称"水十条"）提出推动海水利用。具体要求如下：

在沿海地区电力、化工、石化等行业，推行直接利用海水作为循环冷却等工业用水。在有条件的城市，加快推进淡化海水作为生活用水补充水源。"十三五"规划纲要提出要强化水安全保障，全面推进节水型社会建设；科学开发利用地表水及各类非常规水源，严格控制地下水开采；并推动海水淡化规模化应用，实施海岛海水淡化示范工程，实施重点用水单位监控工程。

2.8 青岛市扶持海水淡化产业发展的具体措施有哪些？

《青岛市海水淡化产业发展规划》明确提出了扶持青岛市海水淡化发展的具体措施如下：

（1）采取有力措施，推进海水淡化厂的建设和装备制造业的发展。在明确淡化厂布局规划前提下，青岛市政府鼓励社会资金以市场化的方式投资海水淡化厂的建设和运营，并鼓励使用国产海水淡化成套装置，以达到降低水价的目的。同时积极到日本、美国招商引资，吸引国外海水淡化装置生产企业投资，通过市场吸引外资，促进青岛市海水淡化产业基地的建设。

（2）改革现行水价体制，允许淡化水以合理的利润进入市政管网。按照保本微利的原则，逐步使水的价格与价值相符，建立价格调整基金和价格调整机制，逐步完善面向全社会的成本核算体系。根据原材料价格、电价等外部生产因素以及水资源紧缺程度而发生变化，建立动态的水价调整机制。允许淡化海水以成本加合理利润的价格进入市政管网，作为市政用水可在"同网同价"前提下，结合水价调整，采取由少到多逐步推进的方式进行。如按照青岛市调整自来水价格以前的平均价格 2 元/m³，淡化海水市政入网价 6 元/m³，进入市政管网 10%的淡化水来测算，混合后的水价为 2.4 元/m³。如果加入 20%的淡化水，混合后的水价为 2.8 元/m³，加入 30%的混合水价达到 3.2 元/m³。因此，淡化海水进入市政管网不会引起水价大幅度上升，具备推广的可行性。

（3）海水淡化厂作为市政设施与自来水厂同样享受公益事业的相关优惠政策。目前我国市政公益性项目，在投资、土地等方面享有一定的优惠政策。

（4）以政府财政资金投资为引导，吸引社会各类资金，建立海水淡化产业发展基金，引导企业对海水淡化产业的投资。

（5）积极争取国债资金或国家其他专项资金支持海水淡化企业。国家发改委、科技部等设有支持海水淡化产业和科技发展的专项扶持资金，青岛市相关企业和部门应积极争取国家资金的支持。

2.9　天津市扶持海水淡化产业的政策措施有哪些？

《天津市海水淡化产业规划》明确提出了扶持天津市海水淡化产业的具体政策措施如下：

（1）加强对海水淡化工作的领导。成立由天津市市领导挂帅，天津市发改委、经委、科委、财政局、水利局等部门参加的天津市海水淡化领导小组，领导小组下设办公室和海水淡化专家咨询组，负责制定鼓励海水淡化发展的法规和政策，统筹、协调和指导海水淡化产业的发展，以及对海水淡化产业发展规划、政策和项目进行咨询。

（2）实施海水淡化产业发展扶植政策。将淡化水纳入水资源进行统一配置，差价由政府给予补贴；免除海水淡化企业用地的出让金；免除海水利用企业的海水资源税；海水淡化建设项目享受全额贴息贷款；将海水淡化的专用供电、供水设施纳入城市基础建设范畴，由政府投资解决；将海水淡化项目纳入天津市高新技术和基础设施建设的重点工程。

（3）争取国家政策和资金支持。积极争取国家对天津市建设海水淡化示范城的支持。争取国家批复天津市海水淡化产业发展规划，并将规划项目列为国家海水淡化示范工程。争取国家对天津海水淡化产业的优惠政策，如：免除海水淡化企业增值税；免除海水淡化及海水综合利用建设项目引进设备进口关税；为海水淡化企业提供优惠电价（享受天津地区中、小化肥直供大工业 35kV 非峰谷电价优惠）等。

（4）搭建海水淡化创新平台。整合天津市及国内外海水淡化与综合利用的科技资源，加强产学研合作，以企业为主体搭建滨海新区海水淡化技术研发平台和企业技术中心，解决海水淡化与综合利用产业化过程中的技术与工程问题。针对当地水域特点开发降低造水成本、扩大海水综合利用新技术，大力实施自主知识产权技术的产业化，发展海水淡化与综合利用装备制造与成套化技术，为滨海新区发展海水淡化产业提供技术支撑。

（5）设立海水淡化专项发展资金。设立海水淡化专项发展资金。未来五年争取每年 1 亿元，该项资金主要用于淡化水与自来水差价的阶段性补贴，以及海水淡化技术及装备研发和产业化的补助和贴息。随着海水利用产业的发展，逐步减少补贴，直至产业实现市场化运作。

（6）拓宽海水淡化融资渠道。积极探索海水淡化产业市场化运作方式和发展模式，除国家、天津市专项资金外，通过拓宽融资渠道，鼓励自主资金、社会资金和境外资金投入，探索 BOT 等项目融资方式，建立多元化、多渠道、多层次、稳定可靠的海水淡化投入保障体系，促进海水淡化及其产业的健康发展。

（7）建立适应市场竞争的企业组织结构。培育 1～2 家具有较强研究开发、设计、制造和安装能力并有较强国际竞争力的大型海水淡化企业及企业集团，支持和培育各类中小配套企业。

（8）完善机制，培养和吸引人才。创造良好的环境，积极培养和引进海水淡化及其相关产业急需的关键性人才。进一步转变机制，建立人才激励机制、流动机制和竞争机制。

（9）组织实施一批海水淡化发展项目。采取政府引导、市场化运作的方式，投资建设一批海水淡化与综合利用示范工程，引导市场需求；投资建设一批海水淡化、浓海水综合利用及海水淡化设备制造建设项目，初步形成天津市的海水淡化与综合利用产业。

2.10　山东省对海水淡化产业发展的资金扶持政策有哪些？

山东省利用多渠道筹措海水利用资金，将国家重点扶持的海水利用项目和山东省海水利用示范项目列入山东省节能节水专项资金的重点支持范围，同时实行鼓励海水淡化的价格政策，适当提高钢铁、电力等高耗水行业的淡水价格，对进入城市供水管网的淡化水，政府给予适当补贴。另外，在《山东省人民政府印发关于促进新能源产业加快发展的若干政策的通知》中明确提出，要在沿海选择 1～2 处风力资源丰富、淡水资源相对缺乏的地区建立风能海水淡化示范工程，并明确提出风能海水淡化示范工程按总投资的 20%进行资金补助，除此之外，还明确了要在价格、金融信贷、用地等方面给予扶持。

第3章 热法海水淡化工艺技术知识

3.1 多级闪蒸技术的基本原理是什么？

多级闪蒸是将海水加热到一定温度后，引入到一个闪蒸室，其室内的压力低于海水所对应的饱和蒸汽压，部分海水迅速汽化，冷凝后即为所需淡水；另一部分海水温度降低，流入另一个压力较低的闪蒸室，又重复蒸发和降温的过程。将多个闪蒸室串联起来，室内压力逐级降低，海水逐级降温，连续产出淡化水。

3.2 多级闪蒸技术的工艺流程是什么？

多级闪蒸流程如图3.1所示。

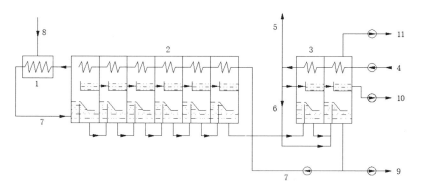

1—加热器；2—热回收段；3—排热段；4—海水；5—排冷却海水；6—进料水；7—循环盐水；
8—加热蒸汽；9—排浓盐水；10—蒸馏水；11—抽真空

图3.1　多级闪蒸流程图

　　经过澄清和加氯消毒处理的海水，首先送入排热段作为冷却水。离开排热段的大部分冷却海水又排回海中，小部分作为进料海水（补给海水），经预处理后，从排热段末级闪蒸室流入第一级闪蒸室，如技术原理所说明的那样，逐级降压，海水逐级降温，连续产出淡化水。

3.3　多级闪蒸技术的主要优缺点、适用范围有哪些？

1．优缺点

　　多级闪蒸技术的优点是单机容量大，最大的可达到 5 万 t/d；产品水盐度一般为 3～10mg/L。但是，其缺点是工程投资高，为反渗透法的 2 倍；动力消耗大；设备的操作弹性小，是设计值的 80%～110%，不适应于造水量要求可变的场合；当其传热管腐蚀穿孔将污染水质。

2．适用范围

　　多级闪蒸技术可用于以火电厂或核电厂的背压或抽汽式透平的低位蒸汽为热源的大型海水淡化工程，为高中压锅炉提供优质脱盐水，也可是生活用淡水。

3.4　多级闪蒸设计时，如何计算闪蒸水量？

　　如果一定量的水发生闪蒸，它的温度降低 Δt，那么闪蒸出来的水量为

$$G_D = Gc\Delta t/Q_r$$

式中　　c——恒压比热容，kcal/(kg·K)；

　　　　Q_r——蒸发热，kcal/kg。（1cal=4.1868J）

　　利用上式计算有一个前提，G 需要是一个定值。但是在闪蒸过程中，随着闪蒸的进行，水量逐渐减小。但在此计算过程中 G_D 与 G 的差值很小，所以上式可以使用。

3.5　多级闪蒸的特点有哪些？

　　多级闪蒸具有可靠性高、防垢性能好、易于大型化等优点。因此，于20 世纪 50 年代一经问世就很快得到应用和发展。目前，全球海水淡化产

量的 60%是由多级闪蒸方法获得的，同时，多级闪蒸也是单机容量最大的海水淡化方法（可达 100000 t/d），适合于大型和超大型淡化装置。MSF 总是与火力电站联合运行，以汽轮机低压抽汽作为热源，实现电水联产。

多级闪蒸技术本身也存在着一些缺陷，如设备腐蚀快、动力消耗大、传热效率低及设备操作弹性小等。但任何一种技术都在不断地进步，近年来，多级闪蒸技术在工艺改进、混合技术运用（与 RO 和 MED 的结合使用等）及热效率提高等方面都有了长足的进步，仍然是现今公认的最成熟可靠的海水淡化技术。

同时需要说明的是，所有的现有海水淡化技术对于淡化海水与生产饮用水都是可行的。对于技术的选择不存在"唯一的"最佳解决方案，而是应基于每个项目的自身特点，根据实际条件而定，包括规模大小、能源费用、原水水质、气候条件以及技术与安全性要求等。总体上说，单独设立的海水淡化厂适合采用反渗透法，但如果有热电厂（最新有核能发电厂）配套的话，则热法蒸馏技术更为经济可靠。

3.6 进行多级闪蒸工艺设计时，如何计算循环盐水流量？

多级闪蒸的特点是依靠循环盐水经过多级不断降温，释放出自身的显热，从而将过热盐水中的部分水汽化，达到生产淡水和浓缩盐水的目的。因此，从热量平衡的角度考虑，循环盐水每级释放的显热和产生的淡水需要的潜热是相等的。因此，对整个多级闪蒸系统来讲，有下列关系存在：

$$RS（t_0-t_n）=DL \qquad (3.1)$$

式中 R——循环盐水流量，kg/h；

     S——盐水平均比热，kcal/(kg·℃)；

     t_0——循环盐水第一级进口温度，℃；

     t_n——循环盐水末级出口温度，℃；

     D——各级淡水产水总量，kg/h；

     L——淡水平均汽化潜热，kcal/kg。

     （注：1cal=4.1868J）

由式（3.1）即可得到一定淡水产量要求下的循环盐水流量。

3.7 进行多级闪蒸工艺设计时，如何计算补充原料水流量 F 和排放浓盐水流量 B？

在淡水产量确定的条件下，忽略过程水和盐分的损失，对整个多级闪蒸装置分别进行盐和水单组分的质量计算，有以下关系存在：

盐平衡 $$FC_f = BC_b \qquad (3.2)$$

水平衡 $$F(1-C_f) = D + B(1-C_b) \qquad (3.3)$$

式中 C_f ——原料水中盐的质量浓度，kg/kg；

       C_b ——排放浓盐水中盐的质量浓度，kg/kg。

将浓缩比 $\alpha = C_f / C_b$ 代入以上两式，可得：

$$F = \frac{\alpha}{\alpha - 1}D, \quad B = \frac{F}{\alpha} \qquad (3.4)$$

可见，在淡水产量已知的条件下，补充原料水流量 F 和排放浓盐水流量 B 主要决定于系统的浓缩比。浓缩比是指闪蒸装置末级盐水浓度（总固溶物 TDS）与补给海水浓度（TDS）之比，一般根据具体的水质条件以防垢安全为限，排盐浓度一般不能接近 70000mg/L。

3.8 多效蒸馏技术（MED）的基本原理是什么？

多效蒸馏技术（MED）的基本原理为：将一系列的水平管喷淋降膜蒸发器串联起来，蒸汽进入第一效蒸发器，与进料海水热交换后，冷凝成淡化水；海水蒸发，蒸汽进入第二效蒸发器，并使几乎同量的海水以比第一效更低的温度蒸发，自身又被冷凝。这一过程一直重复到最后一效。连续产出淡化水。

多效蒸馏分为低温和高温多效蒸馏。高温多效蒸馏可安排更多的传热效数，以达到较高的造水比，其热效率较高。但是，头几效盐水的蒸发温度较高，传热管易结垢且腐蚀速度快，因而对设备的材料要求高，需频繁清洗设备，对海水预处理要求也高。针对高温多效蒸馏的缺点，发展了低温多效蒸馏技术，其特点是盐水的蒸发温度不超过 70℃，减缓了设备的腐蚀和结垢；并得到 10 左右的造水比。同时由于使用了较低价的传热材料，使得同样的投资规模可以安排更多的传热面积。

3.9 多效蒸馏技术（MED）的工艺流程是什么？

海水在冷凝器中预热、脱气之后分成两股：一股排回大海，另外一股为进料液。料液加入阻垢剂，引入到蒸发器温度最低的效组中。喷淋系统把料液分布到顶排管上，自上向下的降膜过程中，一部分海水吸收了管束内冷凝蒸汽的潜热而汽化；冷凝液以淡化水导出，蒸汽进下一效组，剩余料液也泵入下一效组中，该效组的操作温度高于上组。在新的效组中又重复了蒸发和喷淋过程，直到料液在温度最高的效组中以浓缩液的形式排出，如图 3.2 所示。

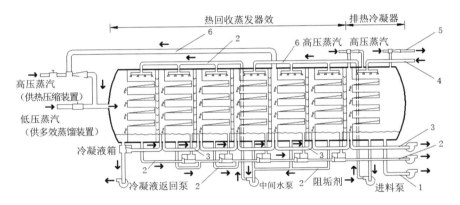

1—冷却水；2—浓盐水；3—淡水；4—海水；5—不凝气；6—循环蒸汽

图 3.2 低温多效蒸馏工艺流程图

3.10 多效蒸馏技术（MED）的主要优缺点、适用范围有哪些？

（1）优缺点：热效率比多级闪蒸高，30 余℃的温差可达到 10 左右的造水比；操作负荷可从 40% 到 110% 变化，造水比不会下降，弹性较大；能耗较低；前处理较简单，化学药剂消耗较低；系统的操作安全可靠，即便发生传热管泄漏，仅仅降低产量而不会影响水质。但低温多效蒸馏设备体积较大，装置费用较高。

（2）适用范围：多效蒸馏与多级闪蒸的适应条件基本相同。

3.11　蒸发操作的特点有哪些？

工程上，蒸发过程只是从溶液中分离出部分溶剂，而溶质仍留在溶液中，因此，蒸发操作即为一个使溶液中的挥发性溶剂与不挥发性溶质的分离过程。由于溶剂的汽化速率取决于传热速率，故蒸发操作属传热过程，蒸发设备为传热设备。但是，蒸发操作与一般传热过程比较，有以下特点：

（1）溶液沸点升高。由于溶液含有不挥发性溶质，因此，在相同温度下，溶液的蒸气压比纯溶剂的小，也就是说，在相同压力下，溶液的沸点比纯溶剂的高，溶液浓度越高，这种影响越显著，这在设计和操作蒸发器时是必考虑的。

（2）物料及工艺特性。物料在浓缩过程中，溶质或杂质常在加热表面沉积、析出结晶而形成垢层，影响传热；有些溶质是热敏性的，在高温下停留时间过长易变质；有些物料具有较大的腐蚀性或较高的黏度等，因此，在设计和选用蒸发器时，必须认真考虑这些特性。

（3）能量回收。蒸发过程是溶剂汽化过程，由于溶剂汽化潜热很大，所以蒸发过程是一个大能耗单元操作。因此，节能是蒸发操作应予考虑的重要问题。

3.12　蒸发操作的应用目的有哪些？

蒸发操作广泛应用于化工、轻工、食品、医药等工业领域，其主要目的有以下几个方面：

（1）浓缩稀溶液直接制取产品或将浓溶液再处理（如冷却结晶）制取固体产品，例如电解烧碱液的浓缩、食糖水溶液的浓缩及各种果汁的浓缩等。

（2）同时浓缩溶液和回收溶剂，例如有机磷农药苯溶液的浓缩脱苯、中药生产中酒精浸出液的蒸发等。

（3）为了获得纯净的溶剂，例如海水淡化等。

图 3.3 为一典型的蒸发装置示意图。图 3.3 中蒸发器由加热室 1 和分离室 2 两部分组成。加热室为列管式换热器，加热蒸汽在加热室的管

间冷凝，放出的热量通过管壁传给列管内的溶液，使其沸腾并汽化，汽液混合物则在分离室中分离，其中液体又落回加热室，当浓缩到规定浓度后排出蒸发器。分离室分离出的蒸汽（又称二次蒸汽，以区别于加热蒸汽或生蒸汽），先经顶部除沫器 5 除液，再进入混合冷凝器 3 与冷水相混，被直接冷凝后，通过大气腿 7 排出。不凝性气体经分离器 4 和缓冲罐 5 由真空泵 6 排出。

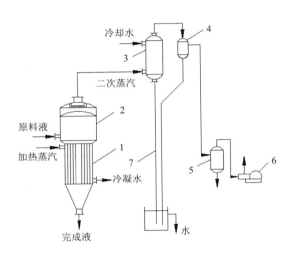

图 3.3　蒸发装置示意图

3.13　蒸发操作的分类有哪些？

（1）按操作压力分，可分为常压、加压和减压（真空）蒸发操作，即在常压（大气压）下，高于或低于大气压下操作。很显然，对于热敏性物料，如抗生素溶液、果汁等应在减压下进行。而高黏度物料就应采用加压高温热源加热（如导热油、熔盐等）进行蒸发。

（2）按效数分，可分为单效与多效蒸发。若蒸发产生的二次蒸汽直接冷凝不再利用，称为单效蒸发。若将二次蒸汽作为下一效加热蒸汽，并将多个蒸发器串联，此蒸发过程即为多效蒸发。

（3）按蒸发模式分，可分为间歇蒸发和连续蒸发。工业上大规模的生产过程通常采用的是连续蒸发。

3.14　如何计算单效蒸发的蒸发水量？

对蒸发器的溶质进行物料衡算，如下：

$$Fx_0 = (F - W)x_1 = Lx_1 \qquad (3.5)$$

由此可得水的蒸发量

$$W = F(1 - \frac{x_0}{x_1}) \qquad (3.6)$$

及完成液的浓度

$$x_1 = \frac{Fx_0}{F - W} \qquad (3.7)$$

式中　F——原料液量，kg/h；

　　　W——蒸发水量，kg/h；

　　　L——完成液量，kg/h；

　　　x_0——原料液中溶质的浓度，质量分数；

　　　x_1——完成液中溶质的浓度，质量分数。

3.15　如何计算单效蒸发的加热蒸汽消耗量？

加热蒸汽用量可通过热量衡算求得，即对图 3.4 作热量衡算可得：

$$DH + Fh_0 = WH' + Lh_1 + Dh_c + Q_L \qquad (3.8)$$

或

$$Q = D(H - h_c) = WH' + Lh_1 - Fh_0 + Q_L \qquad (3.9)$$

式中　H　——加热蒸汽的焓，kJ/kg；

　　　H'　——二次蒸汽的焓，kJ/kg；

　　　h_0　——原料液的焓，kJ/kg；

　　　h_1　——完成液的焓，kJ/kg；

　　　h_c　——加热室排出冷凝液的焓，kJ/h；

　　　Q　——蒸发器的热负荷或传热速率，kJ/h；

　　　Q_L　——热损失，可取 Q 的某一百分数，kJ/kg。

考虑溶液浓缩热不大，并将 H' 取 t_1 下饱和蒸汽的焓，则式（3.8）、式（3.9）可写成：

$$D = \frac{FC_0(t_1 - t_0) + Wr' + Q_L}{r} \qquad (3.10)$$

式中　r、r'——分别为加热蒸汽和二次蒸汽的汽化潜热，kJ/kg。

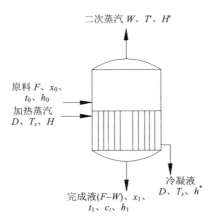

图 3.4　单效蒸发器

若原料由预热器加热至沸点后进料（沸点进料），即 $t_0=t_1$，并不计热损失，则式（3.10）可写为

$$D = \frac{Wr'}{r} \tag{3.11}$$

其中，将 D/W 称为单位蒸汽消耗量，它表示加热蒸汽的利用程度，也称蒸汽的经济性。由于蒸汽的汽化潜热随压力变化不大，故 $r = r'$。对单效蒸发而言，$D/W=1$，即蒸发一千克水需要约一千克加热蒸汽，实际操作中由于存在热损失等原因，$D/W \approx 1$。可见单效蒸发的能耗很大，是很不经济的。

3.16　蒸发器的传热面积如何计算？

蒸发器的传热面积可通过传热速率方程求得，即

$$Q = KA\Delta t_m \tag{3.12}$$

从而得到：

$$A = \frac{Q}{K\Delta t_m} \tag{3.13}$$

式中　A ——蒸发器的传热面积，m^2；

　　　K ——蒸发器的总传热系数，$W/(m^2 \cdot K)$；

　　　Δt_m ——传热平均温度差，℃；

　　　Q ——蒸发器的热负荷，W 或 kJ/kg。

式（3.13）中，Q 可通过对加热室作热量衡算求得。若忽略热损失，Q 即为加热蒸汽冷凝放出的热量，即

$$Q = D(H - h_c) = Dr \qquad (3.14)$$

3.17 怎样确定传热平均温度差 Δt_m？

在蒸发操作中，蒸发器加热室一侧是蒸汽冷凝，另一侧为液体沸腾，因此其传热平均温度差应为

$$\Delta t_m = T - t_1 \qquad (3.15)$$

式中 T ——加热蒸汽的温度，℃；

t_1 ——操作条件下溶液的沸点，℃。

应该指出，溶液的沸点，不仅受蒸发器内液面压力影响，而且受溶液浓度、液位深度等因素影响。因此，在计算 Δt_m 时需考虑这些因素。

1. 溶液浓度对沸点的影响

溶液中由于有溶质存在，因此其蒸气压比纯水的低。换言之，一定压强下水溶液的沸点比纯水高，它们的差值称为溶液的沸点升高，以 Δ' 表示。影响的 Δ' 主要因素为溶液的性质及其浓度。一般，有机物溶液的 Δ' 较小，无机物溶液的 Δ' 较大，稀溶液的 Δ' 不大，但随浓度增高，Δ' 值增高较大。例如，7.4%的 NaOH 溶液在 101.33kPa 下其沸点为 102℃，Δ' 仅为 2℃，而 48.3%NaOH 溶液，其沸点为 140℃，Δ' 值达 40℃之多。各种溶液的沸点由实验确定，也可由手册查取。

2. 压强对沸点的影响

当蒸发操作在加压或减压条件下进行时，若缺乏实验数据，则可按下式估算 Δ'，即

$$\Delta' = f \Delta'_{\text{常}} \qquad (3.16)$$

$$f = 0.0162 \frac{(T' + 273)^2}{r'} \qquad (3.17)$$

式中 Δ' ——操作条件下的溶液沸点升高，℃；

$\Delta'_{\text{常}}$——常压下的溶液沸点升高，℃；

f ——校正系数，无因次，其值可由式（3.17）计算，

T' ——操作压力下二次蒸汽的饱和温度，℃；

r'——操作压力下二次蒸汽的汽化潜热，kJ/kg。

3．液柱静压头对沸点的影响

通常，蒸发器操作需维持一定液位，这样液面下的压力比液面上的压力（分离室中的压力）高，即液面下的沸点比液面上的高，二者之差称为液柱静压头引起的温度差损失，以 Δ'' 表示。为简便计，以液层中部（料液一半）处的压力进行计算。根据流体静力学方程，液层中部的压力 P_{av} 为

$$p_{av} = p' + \frac{\rho_{av} \cdot g \cdot h}{2} \qquad (3.18)$$

式中　p'——溶液表面的压力，Pa；

　　　P_{av}——溶液的平均密度，kg/m³；

　　　h ——液层高度，m。

则由液柱静压引起的沸点升高，Δ'' 为

$$\Delta'' = t_{av} - t_b \qquad (3.19)$$

式中　t_{av} ——液层中部 P_{av} 压力下溶液的沸点，℃；

　　　t_b ——p' 压力（分离室压力）下溶液的沸点，℃。

4．管道阻力的影响

倘若设计计算中温度以另一侧的冷凝器的压力（即饱和温度）为基准，则还需考虑二次蒸汽从分离室到冷凝器之间的压降所造成的温度差损失，以 Δ''' 表示。显然，Δ''' 值与二次蒸汽的速度、管道尺寸以及除沫器的阻力有关。由于此值难于计算，一般取经验值为 1℃，即 $\Delta''' = 1$℃。

考虑了上述因素后，操作条件下溶液的沸点 t_1，即可用下式求取：

$$t_1 = t_c' + \Delta' + \Delta'' + \Delta''' \qquad (3.20)$$

或　　　　　　　　$$t_1 = t_c' + \Delta \qquad (3.21)$$

$$\Delta = \Delta' + \Delta'' + \Delta''' \qquad (3.22)$$

式中　t_c' ——冷凝器操作压力下的饱和水蒸汽温度，℃；

　　　Δ ——总温度差损失，℃。

3.18　如何确定蒸发器的生产能力？

蒸发器的生产能力可用单位时间内蒸发的水分量来表示。由于蒸发水分量取决于传热量的大小，因此其生产能力也可表示为

$$Q = KA(T - t_1) \qquad (3.23)$$

3.19 提高蒸发强度的途径有哪些？

提高蒸发强度的主要途径有以下两种措施。

1. 提高传热温度差

提高传热温度差可提高热源的温度或降低溶液的沸点等角度考虑，工程上通常采用下列措施来实现：

（1）真空蒸发。真空蒸发可以降低溶液沸点，增大传热推动力，提高蒸发器的生产强度，同时由于沸点较低，可减少或防止热敏性物料的分解。另外，真空蒸发可降低对加热热源的要求，即可利用低温位的水蒸气作热源。但是，应该指出，溶液沸点降低，其黏度会增高，并使总传热系数 K 下降。当然，真空蒸发要增加真空设备并增加动力消耗。

（2）高温热源。提高 Δt_m 的另一个措施是提高加热蒸汽的压力，但这时要对蒸发器的设计和操作提出严格要求。一般加热蒸汽压力不超过 $0.6\sim$ $0.8MPa$。对于某些物料如果加压蒸汽仍不能满足要求时，则可选用高温导热油、熔盐或改用电加热，以增大传热推动力。

2. 提高总传热系数

蒸发器的总传热系数主要取决于溶液的性质、沸腾状况、操作条件以及蒸发器的结构等。因此，合理设计蒸发器以实现良好的溶液循环流动，及时排除加热室中不凝性气体，定期清洗蒸发器（加热室内管），均是提高和保持蒸发器在高强度下操作的重要措施。

3.20 什么是多效蒸发？

多效蒸发是将第一效蒸发器汽化的二次蒸汽作为热源通入第二效蒸发器的加热室作加热用，这称为双效蒸发。如果再将第二效的二次蒸汽通入第三效加热室作为热源，并依次进行多个串接，则称为多效蒸发。图 3.5 为三效蒸发的流程示意图。

不难看出，采用多效蒸发，由于生产给定的总蒸发水量 W 分配于各个蒸发器中，而只有第一效才使用加热蒸汽，故加热蒸汽的经济性大大提高。

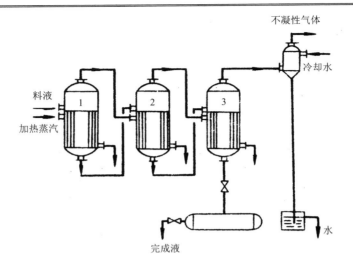

图 3.5　并流加料三效蒸发流程

3.21　多效蒸发有哪些操作流程？

为了合理利用有效温差，并根据处理物料的性质，通常多效蒸发有下列三种操作流程。

（1）并流流程图。图 3.5 为并流加料三效蒸发的流程。这种流程的优点为：料液可借相邻二效的压强差自动流入后一效，而不需用泵输送，同时，由于前一效的沸点比后一效的高，因此当物料进入后一效时，会产生自蒸发，这可多蒸出一部分水汽。这种流程的操作也较简便，易于稳定。但其主要缺点是传热系数会下降，这是因为后序各效的浓度会逐渐增高，但沸点反而逐渐降低，导致溶液黏度逐渐增大。

（2）逆流流程。图 3.6 为逆流加料三效蒸发流程，其优点是：各效浓度和温度对溶液黏度的影响大致相抵消，各效的传热条件大致相同，即传热系数大致相同。缺点是：料液输送必须用泵，另外，进料也没有自蒸发。一般这种流程只有在溶液黏度随温度变化较大的场合才被采用。

（3）平流流程。图 3.7 为平流加料三效蒸发流程，其特点是蒸汽的走向与平流相同，但原料液和完成液则分别从各效加入和排出。这种流程适用于处理易结晶物料，例如食盐水溶液等的蒸发。

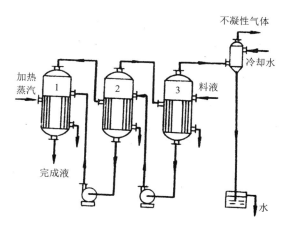

图 3.6　逆流加料三效蒸发流程

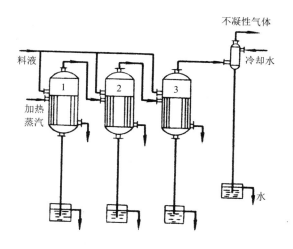

图 3.7　平流加料三效蒸发流程

3.22　如何对多效蒸发的蒸发水量、蒸汽消耗量以及传热面积进行计算？

　　由于多效蒸发的效数多，计算中未知数量也多，所以计算远较单效蒸发复杂，因此目前已采用电子计算机进行计算。但基本依据和原理仍然是物料衡算、热量衡算及传热速率方程。由于计算中出现未知参数，因此计算时常采用试差法，其步骤如下：

（1）根据物料衡算求出总蒸发量。

（2）根据经验设定各效蒸发量，再估算各效溶液浓度。通常各效蒸发量可按各效蒸发量相等的原则设定，即

$$W_1 = W_2 = \cdots = W_n$$

并流加料的蒸发过程，由于有自蒸发现象，则可按如下比例设定：

若为两效　　　　$W_1 : W_2 = 1:1.1$

若为三效　　　　$W_1 : W_2 : W_3 = 1:1.1:1.2$

根据设定得到各效蒸发量后，即可通过物料衡算求出各完成液的浓度。

（3）设定各效操作压力以求各效溶液的沸点。通常按各效等压降原则设定，即相邻两效间的压差为

$$\Delta P = \frac{P_1 - P_c}{n}$$

式中　　P_1——加热蒸汽的压力，Pa；

　　　　P_c——冷凝器中的压力，Pa；

　　　　n——效数。

（4）应用热量衡算求出各效的加热蒸汽用量和蒸发水量。

（5）按照各效传热面积相等的原则分配各效的有效温度差，并根据传热效率方程求出各效的传热面积。

（6）校验各效传热面积是否相等，若不等，则还需重新分配各效的有效温度差，重新计算，直到相等或相近时为止。

3.23　压汽蒸馏技术（VC）的基本原理是什么？

压汽蒸馏技术的基本原理：海水蒸发过程所产生的二次蒸汽，经压缩机增压，蒸汽饱和温度相应提高，再输入到蒸发器管束内，作为进料海水蒸发的热源，并自身冷凝为淡化水。上述过程周而复始，连续生产。

压汽蒸馏按操作温度可分为常压压汽蒸馏和负压压汽蒸馏两种。从结构上，又分为水平管降膜喷淋式和垂直管式两种形式；前一结构的优点是料液自液体分布器出来之后，在水平传热管上以薄膜的形式分布，又依靠重力向下实现再分布，由于液膜分布薄且均匀，因而传热系数高，并且蒸发器结构简单，在海水淡化领域得到广泛应用。

3.24 压汽蒸馏技术（VC）的工艺流程是什么？

进料海水用极少量阻垢剂预处理后，进入一个板式换热器，回收自蒸发器排放出的浓盐水和淡化水的热量。之后，与循环的浓盐水混合，进入到蒸发器中，喷淋到水平传热管束的外表面上，喷淋量需刚好在管子表面形成连续的液膜，与管束内经压缩机增压的蒸汽（略低于浓盐水蒸发平衡压力）热交换。管内蒸汽冷凝成淡水导出，管外一部分盐水产生蒸发，通过汽液分离器除去夹带的液滴之后，蒸汽进压缩机压缩并导入传热管束内。如此构成了二次蒸汽的不断循环和潜热交换。工艺流程如图 3.8 所示。

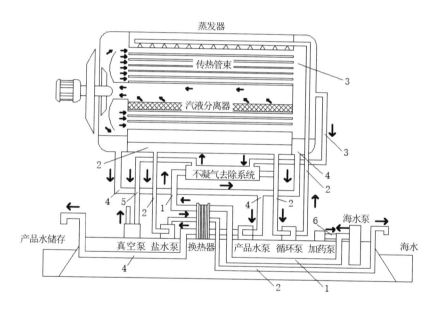

1—进料；2—浓盐水；3—水蒸气；4—产品水；5—不凝气；6—阻垢剂

图 3.8 压汽蒸馏工艺流程图

3.25 压汽蒸馏技术（VC）的优缺点及适用范围有哪些？

（1）主要优缺点：压汽蒸馏与多效蒸馏的技术十分类似，差别在于前者使用压缩机，而后者用蒸汽驱动。

（2）适用范围：仅适用于有电能的地方，主要建造中小型装置。

3.26　如何计算多级闪蒸海水淡化的造水成本？

多级闪蒸的造水成本可以分为如下几个部分：化学药品消耗，电力消耗，职工工资、福利及管理费用，维修费用和设备折旧费用。淡化装置的年利用率以 95%计算，其各部分费用如下：

（1）化学药品消耗。多级闪蒸加入阻垢分散剂 5ppm（1ppm=10^{-6}）、33%盐酸 100ppm，水的回收率为 50%，每吨淡水消耗阻垢分散剂 10.0g、33%盐酸 200g，阻垢分散剂的价格 10000 元/t，每吨淡水消耗阻垢分散剂 0.10 元、盐酸 0.10 元。

周期性的加入液氯作杀生剂，平均加量以 1ppm 计，杀生剂价格 1000 元/t，每吨淡水消耗杀生剂 0.002 元。

多级闪蒸装置每年清洗二次，清洗剂的消耗量根据结垢程度决定，根据原料水条件以及国外清洗剂消耗量的经验，清洗剂的消耗平均以 3000kg/a 计算，其价格以 15000 元/t 计算，每吨淡水消耗清洗剂 0.12 元。

化学药品费用合计：0.322 元/t。

（2）热力消耗。多级闪蒸的造水比为 10，每吨淡水消耗 100kg 蒸汽，低温多效装置使用发电厂第五级透平的乏蒸汽，其平均价格以每吨蒸汽 16 元计算。每吨淡水的热力消耗为 1.60 元。

（3）电力消耗。多级闪蒸装置的主体电力消耗为 3.5kW·h，加上引水、产品水输送、浓盐水排污和厂区照明费用，生产一吨淡水的电力消耗为 4.0kW·h。电价以 0.3 元/(kW·h)计，多级闪蒸的吨水电力成本为 1.2 元。

（4）职工工资、福利及管理费用。多级闪蒸的自动化程度较高，淡化装置每班设二人操作就行。人员的配备采用三班十二人制，人均年工资 20000 元，每吨淡化水的工资费用为 0.046 元。

福利费用取为工资额的 15%，每吨淡水的福利费用为 0.007 元。

职工工资福利费用为 0.053 元/t。

（5）大修及检修维修费用。根据国家规定，供水工程的大修及检修维护费取固定资产原值的 1.5%，每吨淡化水的大修及检修维修费用为 0.46 元。

（6）管理费。管理费取为劳动力费用的 20%，每吨淡化水的管理费用为 0.011 元。

（7）膜更换费用。多级闪蒸不使用膜，膜的更换费用为零。

（8）固定资产折旧费用。固定资产的折旧年限为 20 年，固定资产残值为 4%，固定资产原值为 16000 万元，每吨淡水的固定资产折旧费用为 1.46 元。

由此可见，多级闪蒸的单位造水成本为 5.105 元/t。

3.27　如何计算低温多效海水淡化的造水成本？

随着规模的不同，造水成本也会不同，以 600t/h 低温多效蒸馏装置为例，它的成本可以分为如下几个部分化：化学药品消耗，热力消耗，电力消耗，职工工资、福利及管理费用，维修费用和设备折旧费用。淡化装置的年利用率以 95% 计算，其各部分费用如下：

（1）化学药品消耗。低温多效蒸馏加入聚磷酸盐类阻垢分散剂 5ppm，水的回收率为 50%，每吨淡水消耗阻垢分散剂 10.0g，阻垢分散剂的价格 10000 元/t，每吨淡水消耗阻垢分散剂 0.10 元。

周期性的加入液氯作杀生剂，平均加量以 1ppm 计，杀生剂价格 1000 元/t，每吨淡水消耗杀生剂 0.002 元。

低温多效蒸馏装置每年清洗一次，清洗剂的消耗量根据结垢程度决定，根据原料水条件以及国外清洗剂消耗量的经验，清洗剂的消耗平均以 3000kg/a 计算，其价格以 15000 元/t 计算，每吨淡水消耗清洗剂 0.06 元。

化学药品费用合计：0.162 元/t。

（2）热力消耗。低温多效蒸馏装置的造水比为 10，每吨淡水消耗 100kg 蒸汽，低温多效装置使用发电厂第五级透平的乏蒸汽，其平均价格以每吨蒸汽 16 元计算。每吨淡水的热力消耗为 1.60 元。

（3）电力消耗。低温多效蒸馏装置生产 1 吨淡水的电力消耗为 2.0kW·h。电价以 0.3 元/(kW·h)计，低温多效的吨水电力成本为 0.6 元。

（4）职工工资、福利及管理费用。低温多效蒸馏的自动化程度较高，淡化装置每班设二人操作就行。人员的配备采用三班十二人制，人均年工资 20000 元，每吨淡化水的工资费用为 0.046 元。

福利费用取为工资额的 15%，每吨淡水的福利费用为 0.007 元。

职工工资福利费用为 0.053 元/t。

（5）大修及检修维修费用。根据国家规定，供水工程的大修及检修维护费取固定资产原值的 1.5%，每吨淡化水的大修及检修维修费用为 1.03

元。

（6）管理费。管理费取为劳动力费用的 20%，每吨淡化水的管理费用为 0.01 元。

（7）膜更换费用。低温多效蒸馏不使用膜，膜的更换费用为零。

（8）固定资产折旧费用。固定资产的折旧年限为 20 年，固定资产残值为 4%，固定资产原值为 15000 万元，每吨淡水的固定资产折旧费用为 1.37 元。

综合上可得，低温多效蒸馏的单位造水成本为 4.825 元/t。

3.28 如何计算低温压汽蒸馏海水淡化的造水成本？

低温压汽蒸馏装置的造水成本可以分为如下几个部分：化学药品消耗，电力消耗，职工工资、福利及管理费用，维修费用和设备折旧费用。淡化装置的年利用率以 95%计算，其各部分费用如下：

（1）化学药品消耗。低温压汽蒸馏加入聚磷酸盐类阻垢分散剂 5ppm，水的回收率为 50%，每吨淡水消耗阻垢分散剂 10.0g，阻垢分散剂的价格 10000 元/t，每吨淡水消耗阻垢分散剂 0.10 元。

周期性的加入液氯作杀生剂，平均加量以 1ppm 计，杀生剂价格 1000 元/t，每吨淡水消耗杀生剂 0.002 元。

低温压汽蒸馏装置每年清洗一次，清洗剂的消耗量根据结垢程度决定，根据原料水条件以及国外清洗剂消耗量的经验，清洗剂的消耗平均以 3000kg/a 计算，其价格以 15000 元/t 计算，每吨淡水消耗清洗剂 0.06 元。

化学药品费用合计：0.162 元/t。

（2）热力消耗。低温压汽蒸馏装置不需要蒸汽造水，因此热消耗为零。

（3）电力消耗。3×2000t 低温压汽蒸馏装置的主体电力消耗为 7.5kW·h，加上引水、产品水输送、浓盐水排污和厂区照明费用，生产 1 吨淡水的电力消耗为 8.0kW·h。电价以 0.3/(kW·h)计，低温压汽的吨水电力成本为 2.4 元。

（4）职工工资、福利及管理费用。低温多效蒸馏的自动化程度较高，淡化装置每班设二人操作就行。人员的配备采用三班十二人制，人均年工资 20000 元，每吨淡化水的工资费用为 0.046 元。

福利费用取为工资额的 15%，每吨淡水的福利费用为 0.007 元。职工工资福利费用为 0.053 元/t。

（5）大修及检修维修费用。根据国家规定，供水工程的大修及检修维护费取固定资产原值的 1.5%，每吨淡化水的大修及检修维修费用为 0.572 元。

（6）管理费。管理费取为劳动力费用的 20%，每吨淡化水的管理费用为 0.011 元。

（7）膜更换费用。低温压汽蒸馏不使用膜，膜的更换费用为零。

（8）固定资产折旧费用。固定资产的折旧年限为 20 年，固定资产残值为 4%，固定资产原值为 20000 万元，每吨淡水的固定资产折旧费用为 1.827 元。

低温压汽蒸馏的单位造水成本为 5.025 元/t。

第4章 膜法海水淡化工艺技术知识

4.1 反渗透技术（RO）的基本原理是什么？

用一张只透过水而不能透过盐的半透膜将淡水和盐水隔开，淡水会自然地透过半透膜至盐水一侧，这种现象称为渗透。当渗透到盐水一侧的液面达到某一高度时，渗透的自然趋势被这一压力所抵消从而达到平衡。这一平衡压力即为该体系的渗透压,如在盐水一侧加一个大于渗透压的压力，盐水中的水会透过半透膜到淡水处。这种与自然渗透相反的水迁移过程称为反渗透。

4.2 反渗透技术（RO）的工艺流程是什么？

进料海水经预处理，去除悬浮固体及其他有害物，然后经高压泵增压后，进入膜脱盐设备，产出的中间淡水产品进入后处理设施（按淡水不同用途选择，如作饮用水，需调节 pH 值和加氯杀菌设备），精制成终产品淡水。浓盐水自膜脱盐设备排出，如图 4.1 所示。

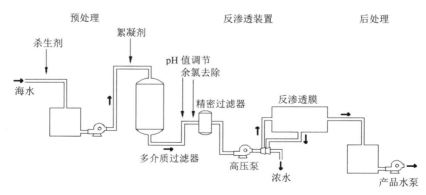

图 4.1 反渗透工艺流程图

4.3　电渗析技术（ED）的基本原理、主要特点及适用范围分别是什么？

1．基本原理

电渗析以直流电为推动力，利用阴、阳离子交换膜对溶液中阴、阳离子进行选择性透过，使一个水体中的离子通过膜迁移到另一个水体中的物质分离过程。

2．主要特点

电渗析为无相变过程。所耗电能主要用于迁移溶液中的电解质离子，所耗的电能与溶液浓度成正比，对于不导电的颗粒没有去除能力。电渗析技术用于海水淡化时能耗大，大规模的海水淡化工程基本上不采用。但将 1000～3000mg/L 的苦咸水脱盐至 500mg/L 的饮用水是经济可行的。

3．适用范围

适用范围为原水含盐量低于 3000mg/L 的苦咸水淡化装置。

4.4　膜元件的标准测试回收率、实际回收率与系统回收率分别是什么？

膜元件标准回收率为膜元件生产厂家在标准测试条件所采用的回收率。海德能公司苦咸水膜元件的标准回收率 15%，海水膜元件的标准回收率为 10%。

膜元件实际回收率是膜元件实际使用时的回收率。为了降低膜元件的污染速度、保证膜元件的使用寿命，膜元件生产厂家对单支膜元件的实际回收率作了明确规定，要求每支 1m 长的膜元件实际回收率不要超过 18%，但当膜元件用于第二级反渗透系统水处理时，则实际回收率不受此限制，允许超过 18%。

系统回收率是指反渗透装置在实际使用时总的回收率。系统回收率受给水水质、膜元件的数量及排列方式等多种因素的影响。小型反渗透装置由于膜元件的数量少、给水流程短，因而系统回收率普遍偏低；而工业用大型反渗透装置由于膜元件的数量多、给水流程长，所以实际系统回收率一般均为 75%以上，有时甚至可以达到 90%。

在某些情况下，对于小型反渗透装置也要求较高的系统回收率，以免造成水资源的浪费，此时在设计反渗透装置时就需要采取一些不同的对策，最常见的方法是采用浓水部分循环，即反渗透装置的浓水只排放一部分，其余部分循环进入给水泵入口，此时既可保证膜元件表面维持一定的横向流速，又可以达到用户所需要的系统回收率，但切不可通过直接调整给水、浓水进出口阀门来提高系统回收率，如果这样操作，就会造成膜元件的污染速度加快，导致严重后果。

系统回收率越高则消耗的水量越少，但回收率过高会发生以下问题：

（1）产品水的脱盐率下降。

（2）可能发生微溶盐的沉淀。

（3）浓水的渗透压过高，元件的产水量降低。

一般苦咸水脱盐系统回收率多控制为 75％，即浓水浓缩了 4 倍，当原水含盐量较低时，有时也可采用 80％，如原水中某种微溶盐含量高，有时也采用较低的系统回收率以防止结垢。

4.5　如何确定系统回收率？

工业用大型反渗透装置由于膜元件的数量多、给水流程长，实际系统回收率一般均为 75%以上，有时甚至可以达到 90%。对于小型反渗透装置也要求较高的系统回收率，以免造成水资源的浪费。

主要根据以下两点来确定系统的回收率：

（1）膜元件串联的长度。

（2）是否有浓水循环以及循环流量的大小。

在系统没有浓水循环时，一般按照表 4.1 的规定决定膜元件和系统回收率。

表 4.1　回收率和膜元件串联数量

膜元件串联数量/支	1	2	4	6	8	12	18
最大系统回收率/%	<18	<32	<50	<58	<68	<80	<90

4.6　如何计算系统脱盐率？

系统脱盐率是反渗透系统对盐的整体脱除率，它受到温度、离子种类、回收率、膜种类以及其他各种设计因素的影响，因而不同的反渗透系统的系统脱盐率是不一样的，其计算公式为

$$系统脱盐率=\frac{总的给水含盐量-总的产水含盐量}{总的给水含盐量}\times100\%$$

有时出于方便的原因，也可以用下列公式来近似估算系统脱盐率：

$$系统脱盐率=\frac{总的给水电导率-总的产水电导率}{总的给水电导率}\times100\%$$

以此近似估算得到的系统脱盐率往往低于实际系统脱盐率，因而经常会在反渗透系统验收时引起争议。

4.7　什么叫背压，产水背压会有什么不良后果？

在反渗透水处理领域，背压指的是产品水侧的压力大于给水侧的压力的情况。以卷式膜元件为例，卷式膜元件类似一个长信封状的膜口袋，开口的一边黏接在含有开孔的产品水中心管上。将多个膜口袋卷绕到同一个产品中心管上，使给水水流从膜的外侧流过，在给水压力下，使淡水通过膜进入膜口袋后汇流入产品水中心管内。

为了便于产品水在膜袋内流动，在信封状的膜袋内夹有一层产品水导流的织物支撑层；为了使给水均匀流过膜袋表面并给水流以扰动，在膜袋与膜袋之间的给水通道中夹有隔网层。膜口袋的三面是用黏结剂黏接在一起的，如果产品水侧的压力大于给水侧的压力，那么这些黏接线就会破裂而导致膜元件脱盐率的丧失或者明显降低，因此从安全的角度考虑，反渗透系统不能够存在背压。

由于反渗透膜过滤是通过压力驱动的，在正常运行时是不会存在背压的，但是如果系统正常或者故障停机，阀门设置或者开闭不当，那么就有可能存在背压，因此必须妥善处理解决背压的问题。

4.8 什么是反渗透膜？

反渗透膜是一种用特殊材料和加工方法制成的、具有半透性能的薄膜。它能够在外加压力作用下使水溶液中的某些组分选择性透过，从而达到淡化、净化或浓缩分离的目的。反渗透膜组件有多种结构形式，最常用的是中空纤维和螺旋卷式两种。根据膜材料或成膜工艺又可分为非对称反渗透膜、复合反渗透膜。目前反渗透膜组件的使用寿命为 3～5 年。反渗透膜组件质量的优劣和水平的高低关键在于膜性能的好坏。

4.9 反渗透预处理的目的是什么？

反渗透预处理的作用是防止膜被污染和污堵，其出水水质应满足反渗透装置的进水水质要求：污染指数 $SDI<3$；海水反渗透预处理系统由于受取水方式以及各地海水水质（物理指标）的变化而出入较大，一般情况下要采用加氯消毒、凝聚过滤、加酸调节 pH 值、加阻垢剂、消除余氯以及过滤等措施才能进入反渗透系统。所以，水质是选择系统的重要依据。目前，随着超滤技术的不断成熟，超滤设备费用的降低，超滤作为海水淡化反渗透的预处理设备，因其具有出水稳定，占地面积小，能够保证反渗透稳定运行等突出优点，已越来越多的应用于海水淡化系统的反渗透预处理中。

4.10 反渗透技术（RO）的优缺点及适用范围是什么？

（1）主要优缺点：反渗透为无相变过程，能耗低，每吨淡水耗电 3.0~5.5kW·h；工程投资及造水成本较低；装置紧凑，占地较少；操作简单，维修方便。反渗透的预处理要求严格，反渗透膜需要定期更换，海水温度低的情况下需加热处理。

（2）适用范围：适合大、中、小型海水及苦咸水淡化。

4.11 反渗透系统由哪些基本部分组成？

反渗透系统由以下部分组成：

（1）原水供水单元。原水可能是自来水、地下水、水库水或其他水源，但一般反渗透系统都有一个储水槽。在系统设计时要考虑避免二次污染，防止沙土、灰尘等机械杂质污染和发酵、水藻等生物污染的发生。

（2）预处理系统。针对原水的水质指标和水源特点，设置合理的预处理系统，保证经过预处理的水质能够达到反渗透系统对于 COD、SDI、余氯和 LSI 等的要求。对于一定的原水，不同的预处理工艺和污染因子去除效果会影响到反渗透膜元件类型、数量和系统参数的选择。在目前越来越多的反渗透系统被用于地表水和回用污水的情况下，为了保证系统性能和效率，推荐优先选用膜法预处理（超滤/微滤）。

（3）高压泵系统。高压泵系统的压力（扬程）和流量的选择主要依据运行海德能设计软件 IMSdesign 的模拟计算结果。为了保证系统的安全可靠，在实际选型时，可以在计算结果推荐选型的基础上提高 10% 扬程和流量规格。反渗透高压泵要求使用性能高度稳定的耐腐蚀泵。泵系统一般由给水泵和高压泵组成，给水泵加在保安过滤器之前，用于高压泵供水和低压冲洗。在高压泵出口一般要安装手动调压阀和慢开电动阀。手动调压阀用于调节泵的出力，电动阀可以防止高压泵启动时发生水锤现象。

（4）RO 膜单元。RO 膜单元由压力容器、膜元件、管道和浓水阀门等组成，是反渗透系统的核心。

（5）仪表和控制系统。为了装置能够安全可靠地运行、便于过程监控，一般要配备温度表、pH 值、压力表、流量计、电导率表、氧化还原电位计等仪表。反渗透系统的运行和监控由 PLC、仪表、计算机系统和工艺模拟流程模拟屏执行，同时设有手动操作按钮和控制室操作按钮，系统具有联锁保护功能及报警指示功能。

（6）产水储存单元。产水储槽（罐）主要考虑防止二次污染，容积和配置取决于后续工艺要求及用水量调节需要，在产水储存单元的设计中要考虑防止发生背压。

（7）清洗单元。用于膜的化学清洗和消毒灭菌处理。

4.12　反渗透系统设计的一般步骤是什么？

反渗透系统设计的一般步骤如下：

（1）落实设计依据为原水水质、原水类型以及产水的具体水质指标。在拿到原水水质资料时一定要确认水源的类型，可能的水质波动范围，取水方式及受到二次污染的可能性。在地表水处理和海水淡化工程中，取水方式也是设计整个系统设计中最为关键的。在污水回用处理工程中，需要反复落实排放水的水质资料，在必要时要同时改造污水处理系统以保证反渗透工艺的可行性。

（2）确定预处理工艺及其效果，主要是对于经过预处理之后水质指标的确认。这里所讲的反渗透给水或系统进水就是指经过预处理之后的水质。

（3）膜元件选型。根据原水的含盐量、进水水质的情况和产水水质的要求，选择适当的膜元件。

（4）确定膜通量和系统回收率。根据进水水质和处理水质要求的等级不同，决定 RO 膜元件的种类和单位面积的产水通量和回收率。回收率的设定要考虑原水中含有的难溶解性盐的析出极限值（饱和指数）、给水水质的种类和产水水质。通常，单位面积产水量 J 和回收率 R 设计的过高，发生膜污染的可能性大大增加，造成产水量下降，清洗膜系统的频率会增多，维护系统正常运行的费用增加。所以，在进行设计系统时，在条件可能的条件下，希望宽余的设计产水通量和回收率。

（5）排列和级数。当确定了设计产水通量 J 和产水量 Q_p 值，所需理论膜元件数量 N_e 安以下方程计算。

$$N_e = \frac{Q_p}{fJS} \tag{4.1}$$

式中　Q_p——产水量，m^3/d；

　　　J ——单位面积产水通量，$L/(m^2 \cdot h)$；

　　　S ——膜元件面积，m^2；

　　　f ——污染指数；

　　　N_e ——理论膜元件数。

通常 RO 系统排列方式以 2:1 的近似比例排列的方式较多。

（6）优化设计。根据设定的单位面积的产水通量 J、回收率、水温变动范围，研究讨论膜组件的排列方式、设计计算压力和流量。这时使用海德能公司提供的 RO 设计元件（IMSdesign）可以很方便地帮助客户完成这个关键任务。

根据要求的产水量 Q_p，在考虑水源的种类和膜污染复合因素的基础上，计算满足这个产水要求所需的膜元件数（N_e）。将回收率、估计压力容器数（N_v）和系统排列方式输入到设计元件中，通过各种排列计算，得到进水的操作压力和产水水质，同时可以得到各个段的膜元件的性能，选择最优组合。

4.13　为什么高压泵后面应设手动调节门和电动慢开门？

配制标准测试溶液的水源为反渗透产水，因而几乎不带杂质，不存在膜元件被污染的问题。在实际使用时，除了二级反渗透系统的进水是以一级反渗透系统的产水作为原水外，其他反渗透系统的进水几乎都是经普通预处理后的原水。尽管预处理工艺去除了其中一部分杂质，但与标准测试条件下所用水源相比，其进水水质仍然较差。所以膜元件设计产水量应该小于标准产水量，此时如仍按标准产水量作为设计产水量，则反渗透膜元件很快就会受到污染，造成膜元件损坏。

为了避免上述情况的发生，膜元件生产厂家提供了设计导则，以使设计人员有据可依。设计导则建议应根据不同的进水水源来选取不同的设计产水量。

即使在实际使用时按照膜元件生产厂家提供的设计导则使用，但是反渗透膜元件仍然会慢慢受到污染。当然在一段时间后可以通过化学清洗部分污染物恢复其性能，但却很难完全恢复其性能，所以有经验的设计人员在设计时应该考虑到这一问题，此时应该选用能够保证 3 年后达到设计产水量的给水泵，即需要设计更高压力的给水泵。但系统初始投运时不需要很高的压力就可以达到设计产水量，所以系统在初始运行时给水泵压力富裕，随着时间的推移，压力富裕逐渐减少，因此高压泵后面应设手动调节门来调节给水压力。有些时候可以对给水泵设置变频调节装置，此时可以用变频的方法来实现给水压力的调节。

高压泵后面的手动调节门在设置后一般不需要经常调节，在一段时间内基本上是保持在恒定的位置，在系统每次启动时也不需要开闭此阀门。

但是如果高压泵后面没有其他阀门，此时每次启动系统时，高压泵的高压水源会直接冲击膜元件，特别是在系统中存在空气时就会产生"水锤"的现象，这样容易造成膜元件的破裂。

为了防止上述现象的发生，应该在高压泵后面设电动慢开门，在启动高压泵后慢慢打开电动慢开门，也即慢慢向系统的反渗透膜上加载压力，电动慢开门应该是全开全闭阀门，其全开全闭时间是可以调节的，但一般设定为 45～60s。所以从反渗透膜元件的安全角度考虑应该设置电动慢开门。

4.14　为什么要设置自动冲洗功能？

给水进入反渗透系统后分成两路：一路透过反渗透膜表面变成产水；另一路沿反渗透膜表面平行移动并逐渐浓缩，在这些浓缩的水流中包含了大量的盐分，甚至还有有机物、胶体、微生物和细菌、病毒等。在反渗透系统正常运行时，给水、浓水流沿着反渗透膜表面以一定的流速流动，这些污染物很难沉积下来，但是如果反渗透系统停止运行，这些污染物就会立即沉积在膜的表面，对膜元件造成污染。所以要在反渗透系统中设置自动冲洗系统，利用干净的水源对膜元件表面进行停运冲洗，以防止这些污染物的沉积。

4.15　反渗透系统需要哪些常用仪表？

为了使 RO 装置能够安全可靠地运行，便于运行过程中的监控，应该装置必要的仪表和控制设备，一般需要装设的仪表有温度表、压力表、流量表、pH 值表、电导率表、氯表、氧化还原电位表等，装设的地点及其作用分述如下。

（1）温度表。给水温度表，因产水量与温度有关，所以需要监测以便求出"标准化"后的产水量。大型设备应进行记录，另外，温度超过 45℃ 会损坏膜元件，所以对原水加热器系统应设超限报警、超温水自动排放和停运 RO 的保护。

（2）压力表。给水压力表、第一段 RO 出水压力表、排水压力表用于计算每一段的压降（也可装设压差表）并用于对产水量和盐透过率进行"标准化"。盐透过率、产水量和 ΔP 用于 RO 性能问题的分析。

5mm 过滤器要安装进出口压力表（也可装设压差表），当压降达到一定值时（2bar，$1bar=10^5Pa$）更换滤芯。

给水泵进出口压力表用于监测给水泵进出口压力，进出口压力开关用于在进口压力低报警、停泵，出口压力高（延时，以防慢开门未打开）报警、停泵。

（3）流量表。产品水流量表在运行中监测产水量，每段应单独装设，以便于"标准化"RO 性能数据。产品水流量应有指示、累计和记录，浓水排水流量表在运行中监测排水量，应有指示、累计和记录。

从各段产品流量和排水流量可计算出各段的给水量、回收率和整个 RO 系统回收率，给水流量表主要用于 RO 加药量的自动调节（加酸、加阻垢剂、加亚硫酸氢钠往往两套 RO 共用），除指示、累计外还要给出信号用于比例调节。

（4）电导率表。给水电导率表、产品水电导率表指示、记录水的电导率，可设置报警，从给水电导率和产品水电导率可估计出 RO 的脱盐率。

（5）pH 值表。当给水需加酸防止生成 $CaCO_3$ 垢时，加酸后的给水需装 pH 值表，在使用醋酸纤维素膜时，不仅为防止 $CaCO_3$ 垢生成，而且更重要的是维持最佳 pH 值。醋酸纤维素膜的 pH 值要求为 5.7，除指示、记录、设超限报警外，还可以自动控制不合格给水排放，并停运 RO 还可以与流量表配合对加酸系统进行比例积分调节。

（6）氯表。使用醋酸纤维素膜元件 RO 给水必须含有 0.1～0.5mg/L 残余氯，最大允许含氯量为 1mg/L，因此给水必须装设氯表，以指示、记录和超越报警。药液箱要设液位开关，低液位报警，加酸可采用比例调节或比例积分调节，加阻垢剂等可采用比例调节，加药泵与给水泵之间进行连锁。

（7）氧化还原电位表。经加亚硫酸氢钠消除余氯的给水应装设氧化还原电位表，应有指示、记录和超限报警。

4.16　RO 系统运行过程对仪表和程控的工艺要求有哪些？

（1）加药量采用比例调节方式，根据给水流量计发出的信号自动调节计量泵进行比例加药。

（2）计量箱装有就地液位计，并有低液位信号进行报警，以保证不会因药液箱无药而使加药中断。

（3）设有就地给水仪表盘，盘上装有流量指示和流量积累表、电导率表、pH 值表。另外还设有给水压力表。流量表、电导率表和 pH 值表所发出的参数信号送至中央控制室进行连续记录；同时流量计发出的信号控制计量泵进行比例加药；pH 值表发出的高、低报警信号送至中央控制室进行报警。

（4）保安过滤器进、出口装有压力指示表，当保安过滤器进出口压差达到一定值或运行一定时间后，需更换滤芯。

（5）高压泵进、出口侧分别装有低、高压开关。当高压泵进口压力低于限定值时，低压开关闭合并发送信号至 PLC，由 PLC 进行报警并自动停止高压泵的运行；当高压泵出口压力高于限定值时，高压开关闭合，发出信号送至 PLC，PLC 延时一定时间后，如高压泵高压侧压力仍高于限定值，则 PLC 输出报警并自动停止高压泵的运行，如在延时范围内高压开关恢复至断开状态，则 PLC 自动取消输入信号。

（6）高压泵出口装有电动慢开门。高压泵启动后，慢开门自动缓缓打开以确保 RO 膜元件不受水锤破坏，如慢开门发生故障而未能在规定时间内打开，则高压泵出口压力增高，压力开关输出报警信号并经 PLC 自动停止高压泵的运行。

（7）每套 RO 装置设就地仪表盘一块，盘上装有 RO 一段、二段产品水和排水的流量表各一块（流量及累积流量值显示），产品水电导率表一块。流量表和电导率表所发出的参数信号送中央控制室进行连续记录，并具有电导率值限高报警。就地盘上装有高压泵启动、停止按钮和指示灯，系统紧急停止按钮和指示灯，电动慢开门开、关按钮和指示灯。

（8）每套 RO 装置设就地压力表盘一块，盘上装有 RO 一段进水、二段进水和排水压力指示表。

（9）中央控制盘上设有高压泵、计量泵、冲洗水泵的三位操作开关（自动一关一手动），系统程序启、停按钮，可实现上述装置的自动启动控制室远操功能和就地手操功能。当三位开关打至"自动"位置时，上述装置不能就地操作。

（10）RO 装置启动和运行过程。

1）RO 装置程序自动启动和运行。先将高压泵、计量泵的"自动一关一手动"，三位开关扳至"自动"位置，然后按下每套 RO 装置的程序启动按钮，此时 PLC 按程序自动对所有计量箱液位、高压泵入口侧压力进行检测，当有"低"液位或高压泵入口侧压力"低"报警时，PLC 进行声光报警并停止程序运行。消除报警后，按程序启动按钮，程序恢复运行，并自动启动加药计量泵、高压泵、开启电动慢开门，延时一定时间后，如高压泵高压侧压力仍高于限定值，则 PLC 输出报警并自动停止高压泵、计量泵的运行，同时自动关闭电动慢开门；如在延时范围内高压开关恢复至断开状态，则 PLC 自动取消高压开关输入信号，系统进入正常运行阶段。

2）RO 装置控制室手动启动和运行。当高压泵、计量泵、冲洗水泵的"自动一关一手动"三位开关扳至"手动"位置时，上述设备可在控制室内操作。

3）RO 装置就地手动启动和运行。当高压泵、计量泵的"自动一关一手动"三位开关扳至"关"位置时，上述设备可在就地手动启动和运行。在任何情况下，都可以通过设置在就地仪表盘上的系统紧急停止按钮，停止 RO 装置的运行。

（11）RO 装置自动停止运行或由操作人员按程序停止按钮停运时，高压泵停止运行，计量泵联锁停止运行，自动关闭高压泵出口电动慢开门。

（12）计量泵与高压泵的联锁。反渗透系统包括两套 RO 装置和一套加药系统，每套 RO 装置配备一台高压泵。当有一台高压泵启动时，加药系统计量泵联锁启动，当两台高压泵都停运时，加药系统计量泵联锁停运，高压泵一台运行一台停运时，计量泵正常工作。

（13）RO 装置设有冲洗系统。RO 装置停止运行一定时间后，可自动启动冲洗水泵、开启冲洗进水及排放阀，对 RO 膜元件进行低压冲洗。

（14）中央控制盘上装有光字牌和音响器，可对报警信号进行声、光显示；装有系统模拟屏，可显示 RO 系统的运行；可对需记录的各种参数进行连续记录；装有电流表显示高压泵电机电流。

4.17　反渗透装置初次启动前有哪些检查事项？

1．对给水加药系统核查

对给水加药系统检查事项包含以下内容：

（1）所有管道和装置必须都是防腐材料制作的。

（2）核查系统中使用的所有管道对压力和 pH 值的适合性。

（3）检查加药系统包括：所加药品之间要兼容，例如阳离子型絮凝助剂与阻垢剂的兼容；加药管线上的逆止阀安装方向正确；药品与给水的充分混合，如静态混合器等。

使用醋酸纤维素膜元件时还要检查一下加氯系统，使进入反渗透组件的游离氯确保在规定范围内。所有加入的化学药品其纯度应符合要求。

（4）检查所有仪表是否已经过校准，保证加药系统的正确运行和准确的监测。

（5）检查报警和安全阀设置正确与否。

2．对反渗透系统检查

对反渗透系统检查事项包含以下内容：

（1）检查 5mm 保安过滤器是否能起到保护高压泵和反渗透膜元件的作用。

（2）在将反渗透组件连接到管路上之前，吹扫并冲洗管路，包括反渗透给水母管。

（3）在 RO 装置启动之前，记录好每套 RO 中一段和二段中各压力容器的系列号和所装膜元件的系列号产水量和脱盐率。画一张图表明各压力容器在滑架上的位置。

（4）检查反渗透压力容器的管道是否连接无误（正常运行和清洗操作）。

（5）检查反渗透的压力表、流量表、电导率表安装正确与否。

（6）保证给水、一段浓水和排水、一段和二段产品水以及总产品水的取样点有代表性。

（7）如果产品水管上装设了关断阀，则要安装压力释放保护装置。

（8）肯定 RO 高压泵已经可以立即运行，检查一下泵的转动以及润滑情况。

（9）保证所有管线都采用防腐管道。

（10）核对每一段的给水、产品水和浓水以及混合后的产品水都装有采样装置。

（11）审查系统中所有管道对压力和 pH 值的适合性。

（12）核对泵与液位接触的部件是否由防腐材料制作。

（13）检查所有仪表是否已经过校准，保证反渗透系统的正确运行和准确的监测。

（14）核对联锁、报警、安全网和延时继电器已经过正确的鉴定。

（15）检查管件、压力容器应严密不漏。

（16）核对产品水管线确实是打开的，当系统没加压力时在产品水侧没有压力。

（17）保证浓水流控制阀处于开启位置，可能需要人工整定开度。

（18）核对产品水流向排水沟。

（19）保证泵的节流控制阀的开启程度使初始的给水压力低于 50% 的运行压力。

（20）应保证产品水的压力永远不会超过给水或浓水的压力的规定值。

对复合膜元件一般为 34.5kPa（5psi）（根据膜厂家规定）。

（21）检查反渗透 / 压力容器固定在滑架上的 U 形螺栓不要拧得太紧，否则会使玻璃钢外壳翘曲。

3. RO 系统的试运行

对于地表水水源，在 RO 装置初次启动之前，预处理系统必须已经过调试和试运，出水质量能够满足 RO 装置运行的要求，原水的预处理应包括杀菌、凝聚、澄清和过滤，预处理过程中所加入的化学药品必须与 RO 系统加入的化学药品相兼容，这一点是非常重要的，例如凝聚过程中加入某些阳离子型聚电解质十分有效，但与 RO 系统中加入的 $(NaPO_3)_6$ 会反应生成沉淀而严重污染 RO 膜，因此不能使用，经二级过滤后水的浊度应小于 0.2NTU，*SDI* 值必须小于 5。在将给水送入 RO 系统之前，预处理系统必须工作正常，给水水质必须满足 RO 给水要求。具体操作如下：

（1）在低压力下将系统中的空气赶出。

（2）检查并消除系统的泄漏。

（3）用低压水将膜元件的保护液从渗透器冲出（开浓水排放阀）。

（4）将产品水排向地沟。

（5）打开浓水减压阀。

（6）高压泵出口节流阀的开度调整到其初始压力的 50%。

（7）启动高压泵进行冲洗，直至冲净。

（8）关断浓水排放阀，调节浓水减压阀，调节给水泵出口节流阀，打开产品水出口阀，关闭产品水排放阀，直至达到设计的产品水流量和系统回收率。

（9）试运行 72h。

（10）做好运行记录包括试验用仪器药品清单；试验方法；预处理系统；原水加热自动控制；凝聚烧杯试验；加氯量试验；出水浊度测定，SDI 测定。

4.18　为什么刚开机时系统要不带压冲洗？

反渗透系统在停止运行后，一般都要自动冲洗一段时间，然后根据停运时间的长短，决定是否需要采取停用保护措施或者采取什么样的停用保护措施。

在反渗透系统再次开机时，对于已经采取添加停用保护药剂的系统，应该将这些保护药剂排放出来，然后再通过不带压冲洗把这些保护药剂冲洗干净，最后再启动系统。对于没有采取添加停用保护药剂的系统，此时系统中一般是充满水的状态，但这些水可能已经在系统中存了一定的时间，此时也最好用不带压冲洗的方法把这些水排出后再开机为好。有时，系统中的水不是在充满状态，此时必须通过不带压冲洗的方法排净空气，如果不排净空气，就容易产生"水锤"的现象而损坏膜元件。

4.19 为什么要记录初始时的运行数据？

在运行过程当中，系统的运行条件，如压力、温度、系统回收率和给水浓度可能有变化而引起产品水流量和质量的改变，为了有效地评价系统的性能，需要在相同的条件下比较产品水流量和质量数据，因为不可能总是在相同条件下获得这些数据，因此需要将实际运行状况下的 RO 性能数据按照恒定的运行条件进行"标准化"，以便评价 RO 膜的性能。标准化包括产品水流量的"标准化"和盐透过率的"标准化"。

如果系统运行条件与初投运时相同，现在理论上所能达到的流量称为标准化的流量。

如果系统运行条件与初投运时相同，现在理论上所能达到的脱盐率称为标准化的脱盐率。

从上述定义可以知道，标准化的参考点是以初投运时（稳定运行或经过 24h）的运行数据，或者由反渗透膜元件制造厂商的标准参数做参考，此时反渗透膜基本上没有受到任何污染，今后要判断反渗透是否存在污染以及是否需要清洗，都需要以初投运时的数据来判断，因此，初投运时的数据尤其重要，必须进行记录。

4.20 日常运行应记录哪些数据？

日常运行记录应包括以下内容：

（1）启动记录。RO 装置的性能特性必须从一开始就记录，启动报告应该包括完整的装置说明，可以利用流程图、装置图表示预处理、RO 装置和后处理、初始时预处理和 RO 的性能记录。所有仪表和表计必须按照厂家的建议进行校准并做记录。

（2）RO 运行数据。运行数据可以说明 RO 系统的性能，在整个 RO 使用期所有的数据都要收集和记录，这些数据与定期的水分析一起为评价 RO 装置的性能提供资料。

1）流量（各段产品水和浓水流量）。

2）压力（各级给水、浓水、产品水）。

3）温度（给水）。

4）pH 值（给水、产品水、浓水）。

5）电导率 / TDS（给水、产品水，每一段给水、产品水、浓水）。

6）SDI（给水，5mm 过滤后每一段给水、浓水）。

7）最后一段浓水的 LSI。

8）运行小时数。

9）偶然事件（SDI、pH 值和压力失常、停运等）。

10）所有仪表和表计的校准，必须按照制造商的建议方法和周期进行，但是 3 个月至少要校准（校改）1 次。

11）流量压力、温度、pH 值、电导率、SDI（给水），每班一次。

12）每一段给水、浓水的 SDI 每星期一次，并对滤膜上残留物进行分析。

13）每一段给水、浓水、产品水的 TDS 每月分析一次。

14）余氯、电导率每天一次。

15）浓水（排水）LSI 每星期一次。

16）偶然事件发生时记录下来。

（3）加药运行数据。

1）加酸前后 SDI 每天一次。

2）5mm 过滤器进出口压力每班一次。

3）酸耗量每天一次。

4）NaClO 耗量每天一次。

5）所有仪表和表计的校准按制造商的建议和方法，但至少 3 个月校准 1 次。

（4）维修日志。必须进行维修记录，它们可以提供关于渗透器和机械设备性能的更进一步的资料，包括以下内容：

1）日常维护。

2）机械故障 / 更换。

3）反渗透 / 压力容器 / 膜元件的更换。

4）清洗（清洗剂和清洗情况）。

5）更换 5mm 过滤器滤芯。

6）仪表和表计的校准。

4.21 反渗透装置运行启动前需要检查哪些款项？

反渗透装置运行启动前的检查包括以下内容：

（1）在将给水送入 RO 系统之前，预处理系统必须运行得很正常，且必须满足所有导则，必须肯定向系统加入的化学药品的纯度是符合要求的。

（2）在低压、小流量下将系统中的空气排出。

（3）检查系统有无泄漏。

（4）启动给水泵，在低于 50％给水压力下冲洗，直至排水不含保护液。

（5）慢慢增加给水压力并调整排水减压控制阀，直到满足设计的回收率。

（6）当系统达到设计条件后，核查浓水的 LSI。

（7）当系统稳定运行后（运行时间约 0.5～1h），记录所有运行条件。

4.22 活性炭过滤器为什么要注意灭菌？

在水处理工艺中，活性炭过滤器用于对有机物的吸附和对过量氯（余氯）的吸附去除，对前者去除能力较差，通常为 50％，对后者则很强，可以完全脱除余氯，这是由于在对余氯吸附的同时，还有自身被氯化的作用。

活性炭的吸附能力曾被用于口服对肠道细菌的吸附而治疗细菌性痢疾。在第一次世界大战中，氯气类毒气作为大规模杀伤性武器被使用，活性炭则是防毒面具中主要的毒气吸附剂。离子交换树脂被广泛应用后，活性炭在化学除盐系统中使用较广，大机组对有机酸的腐蚀敏感，因此配置活性炭床者更多。活性炭吸附水中营养物质，可以成为细菌微生物的温床，微生物膜对水的阻力影响较大，因此，应定期进行反洗去污。如果反洗不能奏效时，应进行灭菌处理。

实际上，按照进水浊度安排合理的反冲洗制度更具有实际意义，由于微生物膜与微生物黏泥难于清净，采取空气擦洗是必要的。某热电厂用受严重污染的河水作为原水，水中菌、藻和微生物对滤池污塞严重，虹吸滤池的运行时间和反洗时间持平；活性炭过滤器无法使用，混床被黏泥结成团块无法分层再生。为保证水的产量，将虹吸滤池滤料粒径由 1mm 左右先后放大到 2mm 和 3～4mm，将混床改成二级阳床与二级阴床除盐，其出水质量虽下降，但是满足了供热的用水量。最终的解决对策是使用了部分自来水，缓解河水污染造成的困扰，因此，当活性炭过滤器由于菌、藻造成污塞时除了加强反洗保证压差在规定范围内之外，灭菌虽属重要，但是更应从源头上解决。

在水处理工艺中、在反渗透装置运行中都应根据实际情况做应变处置。在对内蒙古某电厂进行风险评估时，该厂停炉保护仅做热炉放水处理，按照通常情况是远远不够的，但是认可该对策。当电厂人员询问是否应该采取成膜等保护措施时指出，对于地处沙漠与干旱地区的该厂来说，由于当地相对湿度常年低于 40％，采取热炉放水已经能起到良好的停炉保护作用，无需采取更多的停炉保护措施，对于活性炭过滤器来说，只要压差合乎规定，COD_{Mn} 去除率不低于 30％，无需更多的维护。

4.23　什么样的系统适合用软化器？

软化器是钠阳离子交换器的俗称，它可把水中钙、镁离子交换除去，使成为对应的钠盐。水中含有钡、锶等离子时，也可经过钠离子交换脱除。因此，下列情况可以对水进行软化处理，以免除结水垢的困扰。

（1）在水处理系统中原来配置有软化器时，应尽量利用它作为前置过滤和软化防垢，例如某热电厂的热网补充水和蒸发器的用水是软化水，该厂原水是河水，限于资金，反渗透预处理较简单，反渗透器压差增长快，清洗周期短，出水质量差，为此建议考虑。

1）用软化水作为反渗透器原水可使进水的浊度和污染指数达标，并防止钙、镁结垢。

2）也可填设微滤装置。

（2）水的硬度过高，例如硬度不小于 8mmol／L（$Ca^{2+}+Mg^{2+}$），使用一般的阻垢分散技术难以奏效者。

（3）水质较特殊，含钡、锶等离子高，或是含硫酸根高（例如不小于 200mg/L）或是含氟离子高（例如不小于 10mg/L）者。

（4）经技术经济比较并经过模拟试验证明，使用软化技术优于阻垢处理者。进口阻垢剂通常为 8 万元/t，对于杂质含量不高时，处理费用较高，其防垢效果比软化差。

4.24　为什么系统脱盐率整体过低？

系统实际运行时，运行压力与设计压力吻合，但系统脱盐率达不到设计标准，经过现场对每一支压力容器的产水电导率进行测试，测试结果表明，装置压力容器的产水电导率基本一致，从而排除了某些压力容器内存在密封圈泄漏的可能性。

在测量给水电导率发现，电导率值基本与设计水质相符，从而排除了水质大幅度变化的可能性。

通过测试，最终发现与 pH 值有关。pH 值是水的酸碱度的衡量指标，pH 值变化，会影响到水中各种离子的平衡，尤其是碳酸系统离子的平衡，同时也会影响到氢离子和氢氧根离子的含量，而反渗透膜对各种离子的脱除率是不一样的，同时其脱除率会受到 pH 值的明显干扰，只有在 pH 值为 6～8 时，其脱除率最高，当 pH 值过高或者过低时，其脱除率均会大大降低，而石灰软化处理工艺其 pH 值往往都超过 10，因而导致了本系统脱盐率的大大降低。

4.25　反渗透膜元件玻璃钢外皮为什么会破损？

有一个 180m³/h 的反渗透项目，分成三套装置，每套装置的产水量为 60m³/h，设计采用海德能公司的低压高脱盐率 CPA3 反渗透膜，设计回收率为 75%，每套装置采用 8040CPA3 膜元件 84 支，（9:5）×6 排列，给水含盐量 1200mg/L，温度为 25℃，按照海德能公司设计软件的设计计算，在初始投运时，其系统脱盐率应该在 98％以上，运行压力应该不高于 0.9MPa（9.0bar）。

在系统实际运行时，系统产水量和脱盐率均能完全达到要求，在现场对每一支压力容器的产水电导率进行了测试，测试结果表明，所有压力容器的产水电导率均合格，因而认为整套系统运行正常。在该系统运行 1 年后，尽管系统段间压力降也几乎没有增加，但还是决定对其进行保护性清洗，为了确认是否存在可见的污染物，现场决定首先拆卸其中一套装置中的膜元件进行外观检查，但随即发现，该套装置中已经有某些膜元件的玻璃钢外皮出现了裂纹，有些膜元件的端板与膜元件主体连接处出现裂纹甚至脱落，但并没有造成系统产水量和脱盐率的明显变化。膜生产厂家随即派出技术人员去现场了解情况，该装置尽管采用了进口的膜元件和压力容器，但在安装时并没有按照厂家的要求在膜元件与压力容器的连接处安装相应的垫片，同时系统中反渗透入口处也没有安装电动慢开门，在系统启动时，也没有进行低压冲洗排气，因而造成高压力的给水瞬间加载到膜元件上，造成了"水锤"的现象，同时由于在系统启动时，没有进行低压冲洗排气，残留的空气无法排出，被压缩在压力容器的出口端，因而在系统停运时，膜元件又被反推回来，造成了膜元件在系统内来回窜动。

根据膜元件生产厂家的建议，现场重新安装电动慢开门和相应的垫片，在系统启动前均进行低压冲洗，并有效排除空气，消除了造成"水锤"的条件，该系统再运行已经多年，均没有发生破裂的现象。

4.26 反渗透法和蒸馏法相比，它们有什么不同？

近十年来，反渗透法海水淡化发展趋势较快，而且出现了日产万吨级的大型海水淡化装置。但目前国际上，蒸馏法用于海水淡化方面所占的比例仍是较高的。蒸馏法和反渗透法从以下几个方面进行比较：

（1）能耗比较。从脱盐的直接能耗来说，反渗透法明显优于单目的的蒸馏法，但不明显优于双目的（热电造水）的蒸馏法。而且由于反渗透膜的寿命短，换膜费用高，膜本身就反映了能耗。对蒸馏法来说，过程的直接能耗，不同地区差别很大，需要进行技术经济比较确定。

（2）海水淡化的制水总成本比较。由于膜的寿命和膜装置的限制，使得膜法在大规模处理海水中仍处于不利地位。因为反渗透法的制水成本，受膜寿命和装置规模的不利影响超过了低能耗所带来的好处，一般认为海水淡化装置容量超过日产 6000t 淡水时，双目的蒸馏法比反渗透法更经济。

（3）海水的预处理比较。进入蒸馏装置的海水无需进行预处理，仅设置海水过滤网即可。而进入海水反渗透装置的海水需进行絮凝澄清、过滤和加氯等预处理。并且由于反渗透的水利用率低，所以预处理系统庞大，投资也较高，占地面积也大。

（4）其他配套设施比较。对于新建电厂，蒸馏法需要启动蒸汽，因此启动锅炉的容量应该考虑满足淡化设施的需要，启动锅炉的补充水应考虑一套单独的水处理设施用于启动；另外，由于没有备用设备，需要淡水水源作为工业用水的备用水源。而膜法不需要启动蒸汽，机组启动时，给水水温较低，对淡化设备出力稍有影响，并不影响机组的启动用水，不需要考虑额外的启动设施；淡化设备考虑有足够的备用出力，可以满足设备检修时用水的需要。

4.27 多级闪蒸、低温淡化、反渗透三种工艺在技术上有什么不同？

这三种工艺在技术上的比较见表 4.2。

表 4.2 MSF、VC、LT-MED 和 RO 海水淡化技术比较

序号	比较项目	多级闪蒸（MSF）	低温淡化技术		反渗透（RO）
			压气蒸馏（VC）	低温多效（LT-MED）	
1	产水纯度	3	3	3	2
2	发展情况	3	3	3	3
3	预处理的要求	2	3	3	2
4	操作人员的技能要求	2	3	3	2
5	装置维护要求	2	2	3	2
6	运行的稳定性	3	3	3	3
7	灵活性	2	3	3	3
8	工艺的可靠性	2	2	3	2
9	优点指数	17	22	23	18

注 评分标准：3 为满意，2 为中等，1 为低质量或易出故障，0 为性能不好。

4.28 如何计算反渗透海水淡化的造水成本？

在进行水的成本分析时，反渗透膜的使用寿命以 3 年计，工程的折旧年限以 15 年计，银行贷款的还款年限以 15 年、年利率以 6%计，装置的年利用率以 95%计算，其造水成本的各项费用分别为：

（1）化学药品消耗。600t/h 反渗透淡化装置的化学药品加入量为：聚合氯化铁 5ppm，次氯酸钠 4ppm，亚硫酸氢钠 5ppm，阻垢缓蚀剂

（FLOCON/SHMP）2ppm。

水的回收率为 45%，海水反渗透的吨水化学药品费用分别为：聚合氯化铁，0.023 元；次氯酸钠，0.009 元；亚硫酸氢钠，0.022 元；阻垢剂，0.253元；清洗剂，0.034 元；离子交换再生药剂费，0.05 元。

反渗透淡化的化学药品消耗总量为 0.391 元/t。

（2）热力消耗。反渗透淡化装置不需要加热，因此不存在热量消耗。

（3）电力消耗。反渗透装置的第一级电力消耗为 3.9kW·h，第二级电力消耗为 1.0kW·h，加上离子交换、引水和其他附属设置及照明等的费用，淡化 1t 淡水的总电力消耗为 5.7kW·h。电价以 0.3 元/(kW·h)计，海水反渗透的吨水电力成本为 1.71 元。

（4）职工工资福利费用。海水反渗透的预处理部分需要人工维护，淡化装置每班设 3 人操作。人员的配备采用三班 9 人制，人均年工资 20000元，每吨淡化水的劳动力费用为 0.034 元。

福利费用取为工资额的 15%，每吨淡水的福利费用为 0.005 元。

职工工资福利费用为 0.04 元/t。

（5）大修及检修维护费用。反渗透淡化工程的年大修及检修维护费用为其固定资产原值的 1.5%，则每吨淡化水的维修费用为 0.23 元。

（6）管理费。管理费取为劳动力费用的 20%，每吨淡化水的管理费用为 0.008 元。

（7）膜更换费用。海水反渗透膜寿命以 3 年计，膜的更换费用为0.923 元。

（8）固定资产折旧费用。固定资产的折旧年限为 15 年，固定资产残值为 4%，固定资产原值为 8000 万元，每吨淡水的固定资产折旧费用为 0.97 元。

综合上述，反渗透的单位造水成本为 4.272 元/t。

参考文献

[1] 高从堦，陈国华. 海水淡化技术与工程手册[M]. 北京：化学工业出版社，2004.

[2] 张雨山，王静. 海水利用技术问答[M]. 北京：中国石化出版社，2003.

[3] 王世昌. 海水淡化工程[M]. 北京：化学工业出版社，2004.

[4] 高从堦. 海水淡化及海水与苦咸水利用[M]. 北京：高等教育出版社，2007.

[5] 杨钊，王明召. 海水淡化原理与方法综述[J]. 化学教育，2008(3):1-3.

[6] 窦照英,张烽,徐平. 反渗透水处理技术应用问答[M]. 北京:化学工业出版社,2007.

[7] 沈英林，林嵩. 电厂化学技术问答[M]. 北京：化学工业出版社，2009.

[8] 张百忠. 多级闪蒸海水淡化技术[J]. 一重技术，2008(4).